KLEA
Antique
Vorks
£10

DIRECT
MADDOX GALLERY
Controlled
ZONE
Mon - Fri
8.30 am - 6.30 pm
Sat
8.30 am - 1.30 pm
WESTBOURNE
GROVE W2

Writer's letter

런던의 활기가 일상에 스며들 때

런던에 대한 책을 다시 내기로 한 뒤, 이 도시와의 첫만남을 떠올렸다. 직장생활을 10년쯤 했을 무렵, 회사를 그만두고 낯선 도시에서 한동안 살아보기로 결심한 뒤 런던으로 향했고 마침 그곳에는 세계 최대의 클래식 페스티벌 'BBC 프롬스'가 개최 중이었다. 문화생활을 즐기기 좋은 시기에 방문했다고 생각했지만, 그건 이제 막 런던에 발을 들인 사람의 착각이었다. 런던은 어느 특별한 시기가 아니라 연중 내내 볼거리와 즐길거리가 넘쳐나는 곳이란 사실을 곧 깨달았고, 런던에서 살았던 1년은 매일매일이 새로운 에너지를 충전하는 여행 같은 나날이었다. 그곳에서 얻은 영감과 용기가 한국으로 돌아와 다시 직장생활을 이어가는 데 큰 힘이 됐음은 물론이다.

이후 런던을 다시 찾을 때마다 다른 곳에서 얻을 수 없는 신선한 자극을 받았다. 런던은 오랜 시간 변하지 않는 것들이 존재하며 클래식한 멋을 간직한 도시이자, 동시에 세계 각 분야의 트렌드를 이끌며 변화의 중심에 있는 도시기도 하다. 한 매체의 런던통신원으로 활동할 당시 인터뷰했던 어느 런더너는 런던을 묘사하는 키워드를 꼽아보라는 질문에 '활기(vibrant)'라는 단어를 꺼냈다. 나는 런던을 방문할 때마다 역동적이고 생동감 넘치는 이 도시의 현재를 더없이 잘 묘사한 그 대답을 떠올리며 깊이 공감하곤 한다. 여행자들 또한 그 활기로부터 영감과 에너지를 얻을 것이다. 언제 방문하더라도 새로운 콘텐츠를 만날 수 있으며, 한편으론 그리운 것들이 변함없이 그 자리를 지키고 있는 곳. 이것이 내가 런던을 사랑하는 이유다. 그리고 그런 런던의 정서와 매력을 담은 책이 바로 〈Tripful 런던〉이다.

런던이 선두에 선 분야는 문화예술에만 국한되지 않는다. 미식, 패션, 라이프스타일 등 각 분야에서 세계의 이목을 끄는 이슈가 넘쳐난다. 이 책에는 많은 이들에게 오랜 사랑을 받아온 공간에서부터 가장 최근에 이슈가 된 장소들까지 담았다. 특집으로 소개한 두 개의 지역은 런던의 또 다른 매력을 발견할 수 있는 곳들이다. 힙스터들의 아지트가 많은 해크니 Hackney는 현지인들이 자신 있게 추천하는 지역. 그리고 페컴Peckham은 몇 개의 핫스폿을 중심으로 서서히 떠오르고 있는 지역으로 런던의 큰 특징인 '다문화(multicultural)'가 어떻게 어우러지고 발전하는지 확인할 수 있는 곳이다. 몇 년 전만 해도 많은 이들이 위험한 곳이라는 편견의 시선으로 바라보던 지역이 자유롭고 힙한 감성이 넘치는 곳으로 변모하고 있는 모습은 놀라울 정도다.

여행지로 런던을 선택한 이유는 저마다 다를 것이다. 잊지 못할 영화의 한 장면에 마음이 움직였을 수도 있고, 내셔널 갤러리의 보고 싶은 작품이나 웨스트엔드 뮤지컬에 끌려서, 혹은 트렌디한 숍들을 둘러보고 쇼핑하기 위해서일 수도 있다. 계기가 무엇이든 런던 여행을 통해 감성을 일깨우고 영감을 얻는 시간을 누리길, 그리고 여행의 설렘을 일상 속으로 가득 끌어들일 수 있는 선물 같은 시간을 보내길 바란다. 돌아왔을 때 그 감성을 간직한 채 한 걸음 더 활기차게 내디딜 수 있도록 말이다.

안미영

Unexpected Encounter -

scene
to be
remembered -

keeping your
pace
in tripful -

Tripful

CONTENTS

Issue
No.07

LONDON
런던

Writer
안미영

사람과 문화예술, 그리고 여행지에 대한 글을 쓴다. 13년간 잡지 기자로 일했고 〈노블레스〉의 피처 에디터로 근무하다 2017년 봄 퇴사했다. 저서로는 에세이 〈마음이 어렵습니다〉, 〈회사 그만두고 어떻게 보내셨어요?〉와 런던 여행에세이 〈셀렉트 IN 런던〉이 있다. 1년간 현지인처럼 살아본 뒤 이후로도 수차례 방문해온 런던은 언제나 다시 가고 싶은 도시다.

Tripful = Trip + Full of

트립풀은 '여행'을 의미하는 트립Trip이란 단어에 '~이 가득한'이란 뜻의 접미사 풀-ful을 붙여 만든 합성어입니다. 낯선 여행지를 새롭게 알아가고 더 가까이 다가갈 수 있도록 도와주는 여행책 입니다.

※ 책에 나오는 지명, 인명은 외래어 표기법을 따르되 영어 발음과 차이가 있을 경우 발음에 가깝게 표기했습니다.

※잘못 만들어진 책은 구입한 곳에서 교환해 드립니다.

WHERE YOU'RE GOING

PLAN YOUR TRIP

SPECIAL PLACES

SPOTS TO GO TO

| PERFORMANCE |
런던, 공연 문화의 중심지

EAT UP

LIFE STYLE & SHOPPING

PLACES TO STAY

TRANSPORTATION

MAP

WHERE

LONDON

YOU'RE GOING

한눈에 살펴보는 런던의 명소들. 각 지역마다 고유한 멋을 지니고 있으니 여행 전 주요 스폿들을 살펴보며 계획을 세워보자.

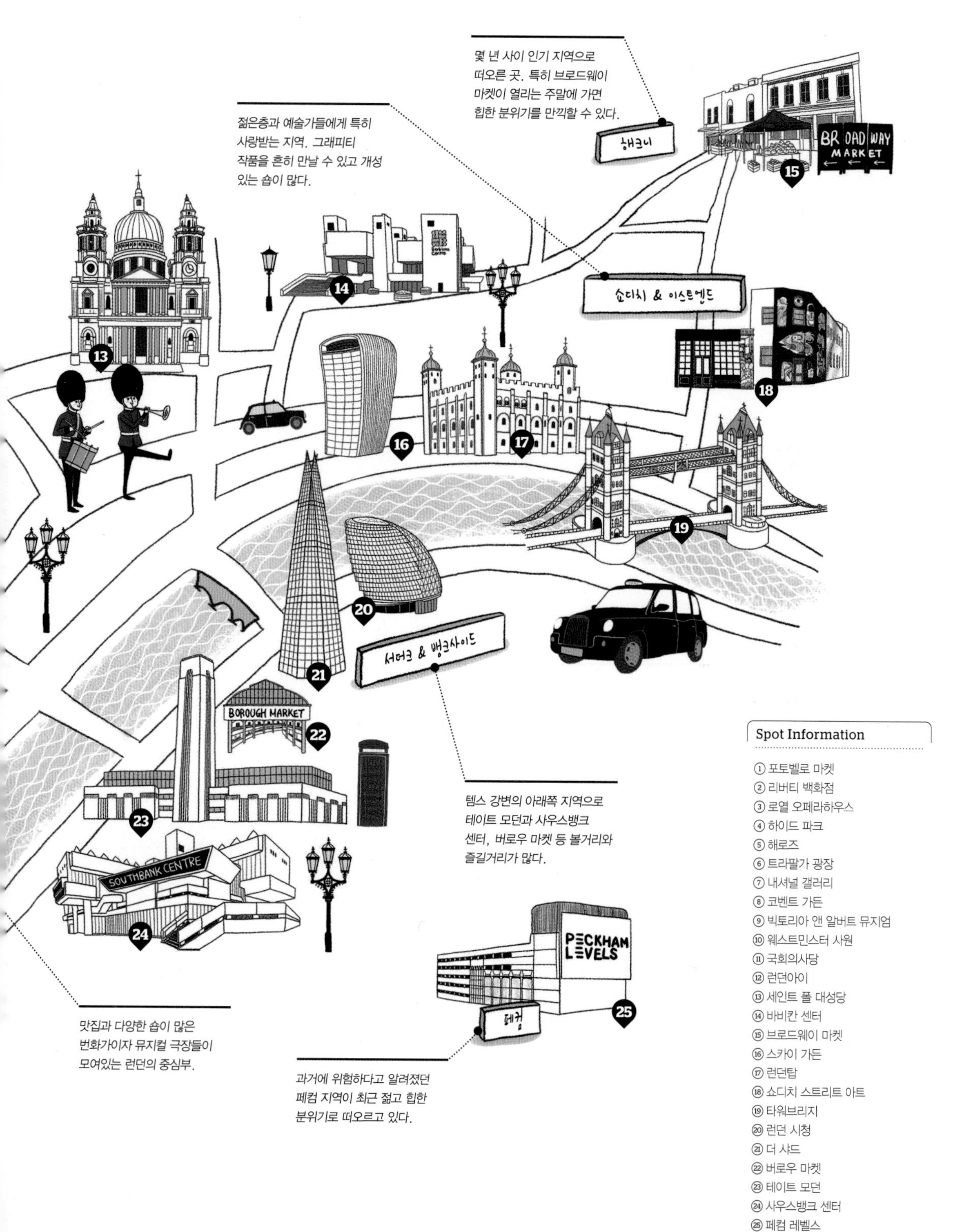
몇 년 사이 인기 지역으로
떠오른 곳. 특히 브로드웨이
마켓이 열리는 주말에 가면
힙한 분위기를 만끽할 수 있다.
해크니
BROADWAY
MARKET
젊은층과 예술가들에게 특히
사랑받는 지역. 그래피티
작품을 흔히 만날 수 있고 개성
있는 숍이 많다.
쇼디치 & 이스트엔드
서더크 & 뱅크사이드
BOROUGH MARKET
SOUTHBANK CENTRE
PECKHAM
LEVELS
페컴
템스 강변의 아래쪽 지역으로
테이트 모던과 사우스뱅크
센터, 버로우 마켓 등 볼거리와
즐길거리가 많다.
맛집과 다양한 숍이 많은
번화가이자 뮤지컬 극장들이
모여있는 런던의 중심부.
과거에 위험하다고 알려졌던
페컴 지역이 최근 젊고 힙한
분위기로 떠오르고 있다.
Spot Information
① 포토벨로 마켓
② 리버티 백화점
③ 로열 오페라하우스
④ 하이드 파크
⑤ 해로즈
⑥ 트라팔가 광장
⑦ 내셔널 갤러리
⑧ 코벤트 가든
⑨ 빅토리아 앤 알버트 뮤지엄
⑩ 웨스트민스터 사원
⑪ 국회의사당
⑫ 런던아이
⑬ 세인트 폴 대성당
⑭ 바비칸 센터
⑮ 브로드웨이 마켓
⑯ 스카이 가든
⑰ 런던탑
⑱ 쇼디치 스트리트 아트
⑲ 타워브리지
⑳ 런던 시청
㉑ 더 샤드
㉒ 버로우 마켓
㉓ 테이트 모던
㉔ 사우스뱅크 센터
㉕ 페컴 레벨스

PLAN

LONDON

YOUR TRIP

런던을 설명하는 몇 가지 사실을 키워드 숫자로 정리했다. 떠나기 전에 읽어보면 좋을 런던에 관한 흥미로운 이야기들.

270 Nationalities

런던은 세계에서 손꼽히는 '멀티 컬처' 도시. 이곳에 사는 사람들의 국적은 무려 270여 개에 달하고, 그들의 언어는 총 300여 가지. 런더너의 1/3은 외국에서 태어난 사람들이며 그 중에서도 폴란드, 아일랜드, 인도, 프랑스, 이탈리아, 나이지리아 국적이 많다.

18630110

런던에서 지하철을 처음 탄다면 지나치게 좁다는 사실에 놀랄 것. 그런데 긴 역사를 생각해보면 이해가 된다. 산업혁명을 주도했던 영국은 세계 최초로 지하철을 운행한 나라다. 1863년 1월 10일은 런던에서 처음으로 언더그라운드가 개통한 날.

346km

런던 도심에 흐르는 템스강은 길이가 총 346km에 달한다. 영국 글로스터셔 주에서 시작해 옥스퍼드를 가로지르고 런던을 통과한다. 런던에서 템스강을 가로지르는 다리는 총 33개인데, 타워 브리지와 런던 브리지, 워터루 브리지 등이 유명하다.

164 Days

비가 자주 내리기로 유명한 런던 날씨. 1년에 평균 164일 정도는 비가 내린다. 강우량이 0.1mm 이상인 날들을 모두 포함한 것이니 너무 놀라지는 말 것. 가장 비가 자주 내리는 시기는 역시 겨울로, 11월부터 1월까지다.

310m

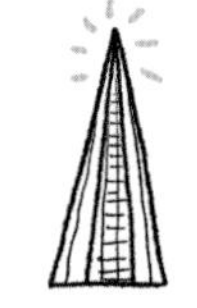

런던에서 가장 높은 건물은 무엇일까? 2012년 완공한 더 샤드다. 높이가 310m인 이 건물은 총 72개 층으로 샹그릴라 호텔과 레스토랑, 바 등이 입점해있고 68, 69, 72층에는 전망대가 있다. 두 번째로 높은 건물은 278m인 22 비숍게이트.

170 Museums

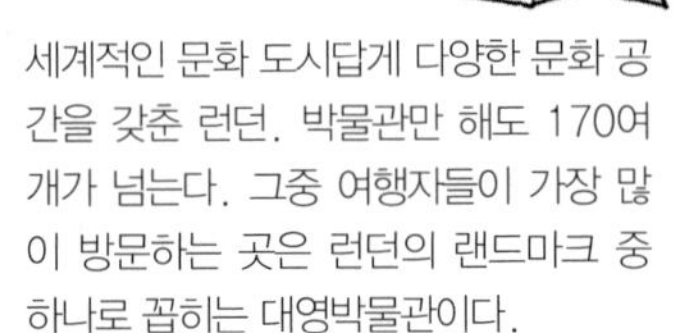

세계적인 문화 도시답게 다양한 문화 공간을 갖춘 런던. 박물관만 해도 170여 개가 넘는다. 그중 여행자들이 가장 많이 방문하는 곳은 런던의 랜드마크 중 하나로 꼽히는 대영박물관이다.

3 Times

많은 이들이 2012년 런던 올림픽을 기억할 것이다. 그것은 런던이 개최한 세 번째 올림픽이었다. 첫 개최는 1908년, 두 번째 개최는 1948년. 런던은 전 세계에서 최초로 올림픽을 3번 개최한 도시라는 기록을 세웠다.

221B

셜록 홈즈 때문에 유명해진 주소, 221B 베이커 스트리트를 찾아가면 셜록 홈즈 뮤지엄이 자리한다. 코넌 도일은 가상의 주소로 사용했지만 뮤지엄이 시의 허가를 받아 그 주소를 사용하는 것. 그런데 정작 드라마 〈셜록〉은 다른 장소에서 촬영됐다. 187 노스 고워 스트리트다.

173 km²

런던은 세계 대도시 중에서도 특히 녹지가 많은 '그린 시티'다. 녹지 면적은 총 173km². 리치몬드 파크, 그리니치 파크 등 큰 공원이 많은데, 런던 도심에서 가장 큰 공원은 하이드 파크로 내부에 4,000 그루 이상의 나무가 있다.

CHECK LIST

날씨와 옷차림

런던에서는 하루 동안 사계절의 날씨를 경험하기도 한다. 맑은 햇살이 내리쬐다가도 갑자기 비바람이 몰아치니 항상 휴대할 수 있는 작은 우산이나 모자가 달린 옷을 준비한다. 봄, 가을에는 한국보다 추우므로 따뜻한 옷이 필요하다. 맑은 날이 가장 많은 시기는 6, 7월.

신용카드와 체크카드

영국이 유럽연합(EU)에서 탈퇴하는 브렉시트BREXIT가 결정된 이후로 파운드 환율이 떨어지긴 했지만, 여전히 런던의 물가는 비싼 편이다. 최근 런던은 현금을 거의 사용하지 않고 대부분 신용카드나 체크카드를 사용하고, 컨택트리스 카드 사용이 일반화되어 있다. 마켓 같은 곳을 제외하곤 대부분 신용카드를 사용할 수 있고 여러 명이 나눠서 결제하는 것도 가능하다. 카드 사용 시 4자리 핀번호를 요구하기도 한다.

도로교통

차량은 좌측통행이며, 운전석이 오른쪽에 자리한다. 한국과 반대이므로 횡단보도를 건널 때는 양쪽 차량의 흐름을 꼭 파악하고 움직여야 한다. 런던은 대도시지만 도로가 좁은 편이라 교통체증이 심하므로 시간이 넉넉하지 않을 때는 버스보다 튜브를 이용하는 게 빠르다. 튜브와 버스 이용 및 노선에 관한 정보는 구글맵과 'CITYMAPPER' 앱이 유용하다.

치안

런던은 유럽의 다른 도시들에 비해 치안이 좋은 편. 24시간 운행하는 나이트버스가 있어 늦은 시간에도 편하게 다닐 수 있다. 하지만 사람들로 붐비는 곳에서는 늘 소매치기를 조심해야 한다. 또 번화가의 카페에서 핸드폰이나 지갑 등을 테이블 위에 올려두지 말고, 항상 소지품을 잘 챙기자.

통신 환경

현지에서 유심을 구입해 사용할 경우, THREE, EE, O2 등 여러 통신회사 중 선택하면 된다. 다만 한국에서 누리는 데이터 속도를 기대할 순 없다. 런던의 튜브(지하철)에서 스마트폰을 들여다보는 사람보다 신문을 읽는 사람이 많은 것도 지하에서는 통신이 거의 끊기기 때문.

매너는 기본

길을 가다가 타인과 조금만 스치는 듯해도 즉각 "SORRY"라고 말하는 사람들이 바로 런더너들이다. 부딪힐 것 같으면 양보하고, 기다리는 사람이 두 명만 되어도 줄을 서며, 건물에 들어갈 때는 뒷사람을 위해 문을 잡아준다. 서로 피해를 주지 않기 위해 조심하고 예의를 지키는 것은 기본이다.

전압

영국의 전압은 240V. 한국에서 사용하는 전자제품을 대부분 무리 없이 사용할 수 있지만 콘센트는 다르게 생겼다. 영국식 3핀 콘센트이니 멀티 어댑터를 준비할 것.

CULTURE EVENT

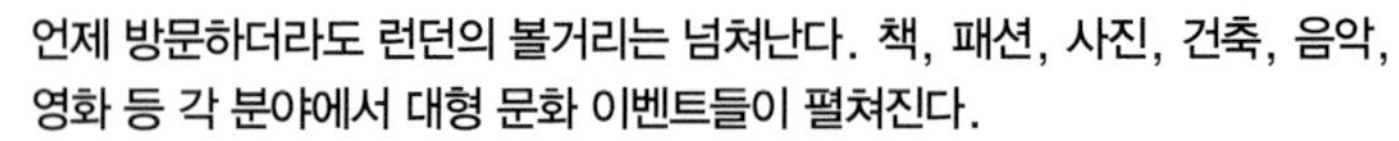

언제 방문하더라도 런던의 볼거리는 넘쳐난다. 책, 패션, 사진, 건축, 음악, 영화 등 각 분야에서 대형 문화 이벤트들이 펼쳐진다.

런던 패션 위크

LONDON FASHION WEEK 런던 패션 위크

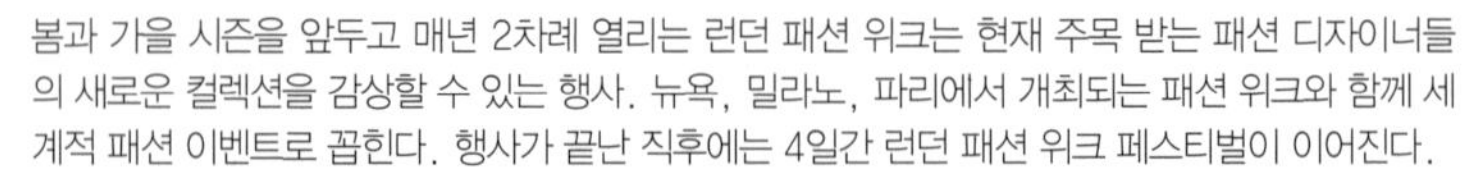

봄과 가을 시즌을 앞두고 매년 2차례 열리는 런던 패션 위크는 현재 주목 받는 패션 디자이너들의 새로운 컬렉션을 감상할 수 있는 행사. 뉴욕, 밀라노, 파리에서 개최되는 패션 위크와 함께 세계적 패션 이벤트로 꼽힌다. 행사가 끝난 직후에는 4일간 런던 패션 위크 페스티벌이 이어진다.

런던 도서전

THE LONDON BOOK FAIR 런던 도서전

독일의 프랑크푸르트 도서전과 함께 세계 주요 국제 도서전으로 꼽히는 행사. 매년 봄, 3월 또는 4월에 사흘간 개최되며, 1971년 출발해 오랜 역사를 자랑한다. 약 2만5,000여 명의 출판사와 편집자, 저자, 인쇄물과 오디오, 영상 콘텐츠 관련 종사자들이 모여 최신 북 트렌드를 확인하고 저작권을 교류하는 자리다.

포토 런던
© GRAHAM CARLOW

PHOTO LONDON 포토 런던

포토 런던은 2015년 첫 개최된, 비교적 신생 행사지만 불과 몇 년 만에 영국에서 가장 영향력 있는 사진 축제로 떠올랐다. 세계의 주요 사진 갤러리들이 참여하고 희귀 작품도 전시하며, 유명 사진작가들의 활동과 최근 사진 트렌드를 살펴볼 수 있다. 5월 중 4일간 서머셋 하우스에서 열린다.

BBC 프롬스
© DAVID ILIFF

BBC PROMS BBC 프롬스

1895년 출발한 클래식 음악 축제. 7월 중순부터 약 2달간 로열 알버트 홀에서 90여 회의 음악회가 열린다. 세계 유수의 오케스트라와 지휘자, 협연자들이 초대돼 클래식 음악팬들을 설레게 하는 행사로 4월에 스케줄 공개, 5월에 예매를 오픈한다. 각 공연은 BBC 라디오 3에서 실황 중계한다.

OPEN HOUSE LONDON 오픈하우스 런던

1992년 처음 시작해 매년 9월의 한 주말에 개최한다. 이틀간 런던의 주요 건축물들이 대중에게 무료로 공개되는데, 평소에 내부 관람이 제한된 건물까지 모두 들어가볼 수 있는 좋은 기회다.

BFI 런던 국제 영화제
© JOHN PHILLIPS

BFI LONDON FILM FESTIVAL BFI 런던 국제 영화제

1953년 출발한 영국 최대 영화제. 첫 회에는 20편 미만의 영화를 상영했지만 지금은 전 세계 50여 개국에서 온 300여 편의 영화를 상영한다. 레스터 스퀘어 오데온 극장과 BFI 사우스뱅크를 비롯해 런던 전역의 15개 장소에서 매년 10월 개최된다.

EFG 런던 재즈 페스티벌

EFG LONDON JAZZ FESTIVAL EFG 런던 재즈 페스티벌

매년 11월, 사우스뱅크 센터와 바비칸 센터를 비롯해 소규모 재즈 클럽까지 런던 곳곳에서 10일간 열리는 재즈 페스티벌이다. 세계 각국의 재즈 아티스트들이 다양한 공연을 펼치는데 한국 재즈 뮤지션들의 무대도 감상할 수 있다.

FESTIVAL

연중 열리는 크고 작은 축제들이 더 특별한 기억을 만들어줄 것.
런던의 주요 축제들을 소개한다.

LONDON NEW YEAR'S DAY PARADE 런던 새해 퍼레이드

새해 첫날을 런던에서 보낸다면 신년 퍼레이드를 구경해보자. 피카딜리 서커스와 트라팔가 광장 등 런던 중심부에서 진행되며, 수많은 사람들이 '해피 뉴이어'를 외치며 신나는 분위기로 퍼레이드를 한다.

LONDON MARATHON 런던 마라톤

세계적인 마라톤으로 꼽히는 런던 마라톤. 팬데믹으로 개최시기에 변동이 있었지만 2023년부터 본래대로 4월에 개최하고 있다. 그리니치 공원을 타워브리지, 버킹엄궁 등 런던의 주요 명소를 거친다.

런던 커피 페스티벌

THE LONDON COFFEE FESTIVAL 런던 커피 페스티벌

한국의 카페 쇼처럼 커피와 다양한 디저트, 커피 관련 브랜드를 선보이는 커피 페스티벌. 올드 트루먼 브루어리OLD TRUMAN BREWERY를 중심으로 매년 4월 중 3, 4일간 개최된다.

첼시 플라워 쇼

CHELSEA FLOWER SHOW 첼시 플라워 쇼

첼시 지역의 왕립병원에서 매년 5월 개최되는 세계적인 원예 축제. 최근 정원 디자인 경향과 창의적인 플라워 스타일링까지 한자리에서 확인할 수 있다.

테이스트 오브 런던

TASTE OF LONDON 테이스트 오브 런던

매년 6월 리젠트 파크 내에서 열리는 미식 축제. 런던 최고의 레스토랑과 셰프들, 주요 식품 브랜드들이 참여해 200가지가 넘는 음식과 음료를 선보인다.

노팅힐 카니발

NOTTING HILL CARNIVAL 노팅힐 카니발

유럽에서 가장 규모가 큰 거리 축제. 1964년 노팅힐 지역의 이민자들이 자신들의 문화를 알리기 위해 시작했다. 매년 8월 마지막 주말에 열리며, 다문화 도시의 모습을 생생하게 보여준다.

WINTER WONDERLAND 윈터 원더랜드

크리스마스 시즌, 하이드 파크에 테마 공원이 조성된다. 아이스링크가 설치되고 크리스마스 마켓과 공연 등 다양한 볼거리로 가득하다. 보통 11월 중순 시작해 다음해 1월 1일까지 열린다.

TIMELINE OF ARCHITECTURE

런던 곳곳에서 만나는 예술적 건축물

현재 활발하게 활동하는 세계적 건축가의 작품과 수백 년 전 세워진 영국의 역사적 건축물 등 런던 곳곳에 자리한 주요 건축물들은 런던의 상징으로 자리잡고 있다. 모던과 클래식, 두 가지가 공존하는 런던의 주요 건축물 감상하기.

1066

TOWER OF LONDON
런던탑

타워 힐 역

ST KATHARINE'S & WAPPING, EC3N 4AB **3-10월** 화-토 9:00-17:30, 일, 월 10:00-17:30 **11-2월** 화-토 9:00-16:30, 일, 월 10:00-16:30 성인 £33.6, 어린이 £16.8 **Map** ⋯▸ ④-C-3

10여 개의 탑과 성벽으로 이뤄진 건축물. 왕의 거처이기도 했고 요새이기도 했으며 왕족과 귀족들의 처형장으로도 사용됐다.

1269

WESTMINSTER ABBEY
웨스트민스터 사원

웨스트민스터 역

20 DEANS YD, WESTMINSTER, SW1P 3PA 월, 화, 목, 금 9:30-15:30, 수 9:30-18:00, 토 9:00-15:00 성인 £29, 어린이 £13 **Map** ⋯▸ ④-A-4

11세기에 설립된 이후 역대 왕들의 대관식과 장례식 등 왕실의 역사적 행사들이 거행됐고 영국 왕과 위인들이 묻힌 곳이다.

1710

ST PAUL'S CATHEDRAL
세인트 폴 대성당

세인트 폴 역

ST. PAUL'S CHURCHYARD, EC4M 8AD 월-토 8:30-16:30 성인 £25, 어린이 £10 **Map** ⋯▸ ①-B-4

원래의 건물은 1666년 런던 대화재 당시 완전히 소실되었고 1675년 건축가 크리스토퍼 렌이 재건해 1710년 완공됐다. 내부를 관람한 뒤 계단을 통해 전망대까지 올라갈 수 있다.

1870

HOUSE OF PARLIAMENT
국회의사당

웨스트민스터 역

SW1A 0AA **Map** ⋯▸ ④-A-4

세계 최초의 의회민주주의를 실현한 영국 정치를 상징하는 건축물. 찰스 배리가 건축한 고딕 양식의 건물이다.

1894

TOWER BRIDGE
타워 브리지

타워 힐 역

TOWER BRIDGE RD, SE1 2UP **Map** ⋯▸ ④-C-3

양쪽에 고딕 양식의 거대한 탑이 자리해 주변의 런던 타워와 조화를 이룬 타워 브리지는 개폐가 가능한 도개교다.

런던, 클래식

현대적 건축물이 들어섰다고 해서 런던의 클래식한 매력이 빛을 잃는 건 아니다. 여러 역사적 건축물 또한 주요 랜드마크로 당당히 그 가치를 인정받고 있다. 1666년 런던의 80%를 불태운 엄청난 대화재를 비롯해 여러 사건으로 인해 소실된 건물들은 당시 수십 년간의 재건 프로젝트를 통해 다시 세워졌다. 특히 빼놓을 수 없는 이름은 크리스토퍼 렌 경. 그는 대화재 이후 국왕 찰스 2세의 지시로 도시 재건을 추진한 건축가로 첼시 왕립 병원과 거대한 돔 양식의 건축물인 세인트 폴 대성당을 지었다. 또 한 사람 주목해야 할 건축가는 1800년대 활약한 찰스 배리인데 그는 런던에 근사한 고딕 양식 건축물을 남겼다. 유명한 국회의사당 건물이 그의 대표 작품. 바로 근처의 웨스트민스터 사원은 국회의사당보다 더 이른 시기에 지어졌지만 이 또한 대표적인 고딕 양식의 건축물이다. 모두 당시의 건축 양식을 확인할 수 있고 위인들의 흔적이 남아있다는 점에서 충분히 방문할 가치가 있는 건물들이다. '건축'이란 테마에 관심을 가지고 런던의 랜드마크를 둘러본다면 과거와 현재가 공존하는 런던의 모습을 한층 더 깊이 이해할 수 있을 것이다.

건축, 첨단 기술을 만나다

런던은 국제 도시이지만 1990년대까지만 해도 세계의 다른 대도시들과 달리 고층 건물이 많지 않았다. 그런데 1999년 12월 31일 완공된 런던아이를 시작으로 2000년대에 들어서며 런던의 스카이라인도 서서히 변화했다. 유서 깊은 건물이 많은 런던은 도시의 경관을 해치는 것을 염려해 지나치게 높거나 파격적인 신축 건물을 올리는 것에 보수적인 편이었지만, 세계적 건축가들은 획기적인 건축 디자인을 제시하며 런던에 현대적인 멋을 더했다. '하이테크 건축'의 대가로 불리는 건축가 렌조 피아노의 더 샤드는 2012년 오픈 이후 런던의 명소 중 하나로 자리잡은 건물. 영국 건축가 노먼 포스터가 설계한 작품도 런던 곳곳에서 만날 수 있다. 런던 시청과 대영박물관의 그레이트 코트가 2000년 이후 노먼 포스터가 선보인 작품. 이라크 출신의 여성 건축가 자하 하디드 또한 런던과 인연이 깊은데, 2012년 런던 올림픽의 수영 경기장으로 사용된 아쿠아틱스 센터를 설계하며 곡선의 아름다움을 보여줬고 서펜타인 노스 갤러리도 그녀의 손길을 거쳤다. 이 건축가들의 공통점은 모두 '건축계의 노벨상'이라 불리는 최고 권위의 건축상 '프리츠커상'을 수상했다는 점. 이들이 런던에 구현한 건축물은 건축이 첨단 기술과 결합했을 때 어떤 결과물이 나오는지 보여주는 작품들이다.

2000

GREAT COURT AT THE BRITISH MUSEUM
대영박물관의 그레이트 코트

토튼햄 코트 로드 역, 홀본 역
GREAT RUSSELL ST, BLOOMSBURY, WC1B 3DG
10:00–17:30, 금요일은 20:30까지
무료 입장 Map ⋯ ②-E-1

'그레이트 코트'는 기하학적 무늬의 캐노피 아래 펼쳐지는 넓은 공간. 대영박물관의 밝고 웅장한 첫인상이다.

2002

CITY HALL
런던 시청

런던브리지 역
THE QUEEN'S WALK, SE1 2AA
Map ⋯ ④-C-3

친환경 건축가로 알려진 노먼 포스터의 작품. 자연광을 활용하고 건물을 기운 형태로 설계해 자연스러운 그늘을 만들었다.

2012

THE SHARD
더 샤드

런던브리지 역
32 LONDON BRIDGE ST, SE1 9SG
Map ⋯ ④-C-3

렌조 피아노가 건축한 서유럽에서 가장 높은 건물. 2012년 완공된 후 런던의 새로운 랜드마크로 떠올랐다.

2013

THE SERPENTINE NORTH GALLERY
서펜타인 노스 갤러리

하이드 파크에서 호수를 건너면 켄싱턴 가든으로 이어진다. 서펜타인 갤러리는 켄싱턴 가든, 서펜타인 노스 갤러리는 하이드 파크에 자리한다.

나이트브리지 역
W CARRIAGE DR, W2 2AR
화–일 10:00–18:00 무료 입장
Map ⋯ ③-C-1

자하 하디드가 런던에 세운 첫 영구 건축물. 갤러리 공간과 나란히 붙어있는 레스토랑 '더 매거진'은 드라마틱한 곡선의 외형이 멀리서부터 시선을 끈다.

2015

SKY GARDEN
스카이 가든

스카이 가든은 런던의 대표적 무료 전망대다. 단, 홈페이지에서 티켓을 예약하는 것이 좋은데 3주 전부터 예약 가능하다.

모뉴먼트 역
20 FENCHURCH ST, EC3M 8AF
Map ⋯ ④-C-3

라파엘 비뇰리의 작품. 35층에는 다양한 식물로 실내 정원을 조성했는데 '런던에서 가장 높은 퍼블릭 가든'으로 꼽힌다.

IN LONDON

런던 주요 지역 & 추천 스폿

SOHO & WEST END

소호 & 웨스트엔드, 런던의 중심가

소호는 다양한 브랜드 숍과 맛집이 많은 런던의 중심가. 웨스트엔드는 코벤트 가든, 피카딜리 서커스, 레스터 스퀘어가 자리한 지역으로 쇼핑 스폿과 공연장들이 모여있다.

GOLDEN UNION
골든 유니언 (P.072)

소호에 자리한 피시 앤 칩스 맛집으로, 신선한 재료를 사용한 담백한 맛으로 인기를 누리고 있다. 맥주와 함께 영국 정통 음식을 맛보자.

LIBERTY 리버티 (P.104)

런던의 주요 백화점 중에서도 개성 있는 디자이너 브랜드가 많은 곳. 고풍스러운 건축양식과 목조 인테리어도 매력적이다.

DOVER STREET MARKET
도버 스트리트 마켓 (P.105)

런던의 편집숍 중에서 단연 첫 손가락에 꼽히는 도버 스트리트 마켓은 다양한 명품 브랜드와 라이프 스타일 브랜드가 입점해 있다.

THE 10 CASES

더 10 케이스 (P.088)

이 지역에서 쇼핑을 하고 공연을 본 뒤, 와인을 즐기고 싶다면 더 10 케이스가 훌륭한 선택. 와인 리스트가 개성 있고, 가격이 합리적이다.

NEAL'S YARD

닐스 야드

코벤트 가든에서 멀지 않은 위치에 있는 닐스 야드는 알록달록한 건물이 모여있는 예쁜 골목으로, 걸어서 둘러보고 쇼핑하기 좋은 곳이다.

Map ⋯➝ ②-E-2

ROYAL OPERA HOUSE

로열 오페라 하우스 (P.052)

코벤트 가든의 상징적 건물 중 하나다. 로열 발레단의 본거지이니, 이곳에서 발레 공연 한편을 즐기는 것도 좋은 추억이 될 듯.

COVENT GARDEN 코벤트 가든 (P.106)

대표적 영국 브랜드부터 글로벌 브랜드까지 모여 있는 쇼핑 명소다. 코벤트 가든 내의 활기 넘치는 시장인 애플 마켓도 빼놓지 말고 둘러볼 것.

PLUS

웨스트엔드의 베스트 뮤지컬

웨스트엔드에는 수십 개의 뮤지컬 공연장이 있으니, 취향에 맞는 작품을 골라보자. 30년 이상 '롱런'하고 있는 웨스트엔드 대표작으로는 〈오페라의 유령〉이나 〈레미제라블〉, 아이들과 함께 보기 좋은 작품은 〈마틸다〉와 〈라이언 킹〉, 최신 히트작을 원한다면 〈티나〉가 좋은 선택이 될 듯.

IN LONDON

런던 주요 지역 & 추천 스폿

SHOREDITCH & EAST END

GOODHOOD
굿후드 (P.105)

쇼디치에서 쇼핑을 한다면 멀티 편집숍인 굿후드도 방문해볼 것. 스타일리시한 의류와 뷰티 브랜드, 라이프 스타일 브랜드를 모두 만날 수 있다.

NIGHTJAR 나이트자 (P.093)

몇 년 연속 '월드 베스트 바'의 상위권에 오른 런던의 대표적 바. 비밀스럽게 숨어있는 듯한 지하 공간에서 라이브 공연과 칵테일을 즐길 수 있다.

쇼디치 & 이스트엔드, 가장 빨리 변화하는 런던

힙한 분위기를 간직한 쇼디치와 이스트엔드는 런던에서 가장 빨리 변화하고 있는 곳. 현재의 핫한 트렌드를 느끼고 젊은층이 즐기는 문화를 경험할 수 있는 지역이다. 해크니 또한 이스트엔드에 속한다.

ARTWORDS BOOKSHOP
리브레리아 (P.097)

런던의 다양한 서점 중에서도 리브레리아는 독특한 인테리어에 개성 있는 셀렉션을 갖춘 곳이다.

PLUS

이스트 지역의 벽화들

런던의 이스트 지역, 특히 쇼디치는 거리 곳곳에서 그래피티 아티스트들의 벽화와 마주칠 수 있는 곳. 재치와 유머가 담긴 작품이나 예술적이고 화려한 작품 등 행인들의 시선을 사로잡는 벽화는 어느덧 이 지역의 상징으로 자리잡았다.

JASPER MORRISON SHOP

재스퍼 모리슨 숍 (P.049)

작은 공간이지만 영국의 유명 산업디자이너 재스퍼 모리슨의 디자인 철학을 느끼기에 부족함이 없는 곳이다.

HOUSE OF HACKNEY

하우스 오브 해크니 (P.102)

화려한 프린트의 원단과 각종 소품이 시선을 끄는 라이프 스타일 숍이다. 강렬한 시각적 즐거움을 선사하는 제품이 많아 구경하는 재미가 있는 곳.

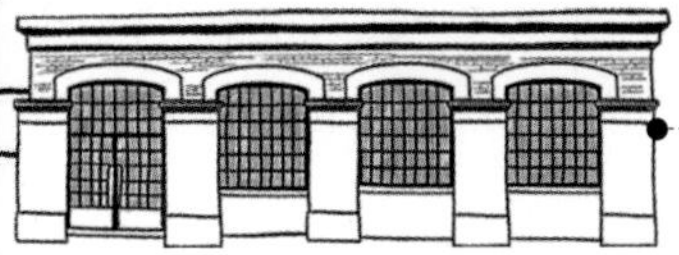

LYLE'S

라일스 (P.077)

미슐랭 스타 레스토랑이지만 꾸밈없고 정갈한 분위기가 인상적인 이곳은 모던한 스타일의 브리티시 퀴진을 선보이는 쇼디치의 인기 레스토랑이다.

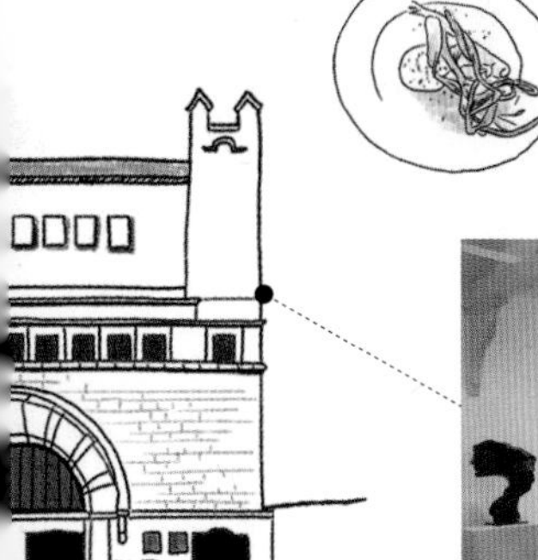

WHITECHAPEL GALLERY

화이트채플 갤러리 (P.044)

이스트 지역의 대표적 현대미술 갤러리. 동시대 작가들의 작품 세계를 소개하는 뛰어난 기획전을 자주 선보이니 전시 일정을 체크해보자.

IN LONDON

런던 주요 지역 & 추천 스폿

NOTTING HILL & CHELSEA & SOUTH KENSINGTON

PORTOBELLO MARKET
포토벨로 마켓 (P.110)

THE NOTTING HILL BOOKSHOP
노팅 힐 북숍 (P.096)

영화 〈노팅 힐〉의 배경이 되며 유명해진 서점으로, 책뿐 아니라 영화 관련 아이템과 기념품을 갖추고 있다.

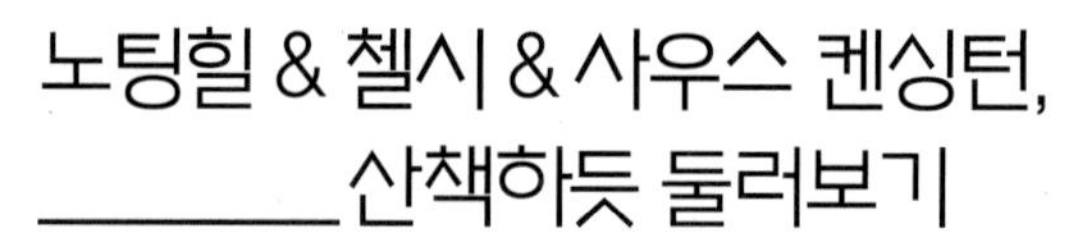

노팅힐 & 첼시 & 사우스 켄싱턴, 산책하듯 둘러보기

런던에서도 노팅힐과 첼시, 사우스 켄싱턴은 부촌으로 꼽히는 지역. 노팅힐의 포토벨로 마켓을 제외하면 관광 명소는 많지 않지만 여러 뮤지엄과 갤러리, 하이드 파크는 런던 여행에서 빼놓을 수 없다.

PLUS

공원 내에 자리한 두 개의 갤러리

하이드 파크 내에는 두 개의 현대미술 갤러리가 자리한다. 바로 서펜타인 갤러리와 서펜타인 새클러 갤러리. 호수의 수면 위를 유유히 오가는 백조들이 있는 공원을 산책하고 문화생활까지 할 수 있는 곳이다.

노팅힐을 방문하기 좋은 날

노팅힐은 컬러풀한 건물들이 줄지어 선 예쁜 거리가 있는 곳. 한적하게 이 거리의 정취를 즐기며 걷고 싶다면 평일에 방문하고, 노팅힐 지역의 앤티크 마켓인 포토벨로 마켓을 구경하고 싶다면 토요일에 방문할 것.

SAATCHI GALLERY
사치 갤러리 (P.044)

웨스트 지역에 자리한 또 하나의 중요한 문화 공간. 현대미술 컬렉터 찰스 사치의 뛰어난 컬렉션을 소개하며 기획전도 활발하다.

THE LEDBURY

더 레드버리 (P.076)

호주 출신의 유명 셰프가 노팅힐 지역에서 운영하는 미슐랭 스타 레스토랑. 미식가들에게 정평이 난 곳이니 이곳에서 식사를 하려면 예약을 서둘러야 한다.

THE SERPENTINE NORTH GALLERY

서펜타인 노스 갤러리 (P.015)

하이드 파크 내에 자리한 서펜타인 노스 갤러리는 자하 하디드의 건축물과 현대미술 전시를 함께 감상할 수 있는 곳. 공원 산책 겸 방문해보자.

HARRODS 해로즈 (P.104)

'고급스러움'의 대명사로 꼽히는 역사적인 백화점으로 영국 왕실과 세계의 부호들이 주요 고객. 럭셔리한 브랜드뿐 아니라 해로즈에서만 판매하는 특별한 제품도 많다.

VICTORIA & ALBERT MUSEUM

빅토리아 앤 알버트 뮤지엄 (P.048)

장식 예술과 디자인 분야에서 세계 최대 규모를 자랑하는 미술관. 회화, 자기, 공예, 복식 등의 분야에서 광범위한 컬렉션을 소장하고 있고 패션 전시도 자주 개최한다.

SOUTHWARK & BANKSIDE

서더크 & 뱅크사이드, ___ 템스 강변을 따라

런던 남부의 서더크와 뱅크사이드는 템스 강변을 따라 산책하며 여러 명소들을 둘러보기 좋다. 버로우 마켓과 몰트비 스트리트 마켓, 런던브리지와 더 샤드 등이 모두 이 지역에 자리한다.

TATE MODERN

테이트 모던 (P.044)

화력발전소였던 건물이 영국의 대표적인 현대미술관으로 탈바꿈했다. 2016년에는 신관을 오픈해 더 넓은 공간에서 전시를 개최하고 있다.

SOUTHBANK CENTRE

사우스뱅크 센터 (P.053)

워터루 브리지 근처에 자리한 복합문화공간으로 다양한 장르의 공연이 개최된다. 헤이워드 갤러리가 함께 자리하며, 금요일과 주말에는 사우스뱅크 센터 푸드 마켓이 열린다.

LONDON EYE

런던 아이

템스 강변에 자리한 관람용 건축물로, 1999년 12월 31일 새천년을 앞두고 운행을 시작했다. 관람용 캡슐에 탑승해 런던 시내를 여러 방향에서 볼 수 있다.

Map ··→ ④-A-3

SHAKESPEARE'S GLOBE

셰익스피어 글로브 극장 (P.058)

템스 강변에 자리한 야외 극장으로, 셰익스피어의 작품이 초연된 17세기의 공연장을 재현한 건물이다. 지금도 당시의 방식대로 셰익스피어의 극을 공연한다.

THE GEORGE INN

더 조지 인 (P.090)

유명 예술가들이 즐겨 찾던 역사적인 펍이다. 날씨 좋은 날 야외에서 맥주 한잔을 즐기기에 훌륭한 장소.

MALTBY STREET MARKET

몰트비 스트리트 마켓 (P.082)

주말마다 버몬지에서 열리는 푸드 마켓이다. 버로우 마켓이 관광객들에게 유명하다면 이곳은 현지인들에게 사랑받는 곳.

JOSÉ TAPAS BAR

호세 타파스 바 (P.078)

버몬지 지역의 인기 타파스 바. 항상 많은 사람들로 붐비는 이곳은 현지인들 사이에 섞여 스페인 와인과 안주를 즐길 수 있는 곳이다.

PLUS

강변의 산책 코스

사우스뱅크 센터부터 셰익스피어 글로브 극장까지는 템스 강변을 따라 산책하기 좋은 코스. 쉬지 않고 걷는다면 20분 정도 거리인데, 중간중간 갤러리와 카페에 들르고 거리 공연도 관람하며 반나절 이상 보내기 좋다.

IN LONDON

런던 주요 지역 & 추천 스폿

MARYLEBONE & FITZROVIA

말리본 & 피츠로비아, 런던의 예쁜 거리들

베이커 스트리트와 리젠트 파크가 있는 말리본은 거리 풍경이 예쁘고 고급스러운 부티크가 많은 지역. 피츠로비아는 쇼핑 중심가와 멀지 않으면서 커피가 맛있는 카페와 와인 바를 쉽게 찾을 수 있다.

DAUNT BOOKS
돈트 북스 (P.096)

세계에서 가장 아름다운 서점 중 한 곳으로 꼽힌다. 천장에서 은은한 자연광이 내리비치는 공간에서 여유롭게 책을 고르는 사람들의 모습이 인상적이다.

MONOCLE

THE MONOCLE CAFÉ
모노클 카페 (P.071)

말리본에 자리한 모노클 카페는 잡지로 유명한 영국 미디어 회사 모노클에서 운영하는 카페다. 커피와 음식뿐 아니라 잡지도 판매한다.

DAYLESFORD 데일스포드 (P.081)

좋은 먹거리에 관심이 많은 이들이라면 꼭 들러봐야 할 곳. 유기농 재료로 만든 신선한 음식과 유기농 식료품을 판매하며 이곳에서 식사도 할 수 있다.

PLUS

말리본의 우아한 거리

모노클 카페와 칠턴 파이어하우스가 자리한 칠턴 스트리트는 이 지역에서도 특히 우아한 분위기를 간직한 거리다. 복잡하지 않고 조용하며 개성 있는 카페와 예쁜 상점들이 발길을 끈다.

THE CONRAN SHOP

더 콘란 숍 (P.099)

영국의 유명 디자이너 테렌스 콘란 경의 라이프스타일 숍. 가구부터 디자인 소품, 서적까지 콘란의 기준으로 선정한 전 세계의 제품을 갖추고 있다.

THE REMEDY WINE BAR & KITCHEN

더 레메디 와인 바 앤 키친 (P.087)

런던의 와인 애호가들에게 아지트 같은 공간이다. 전 세계 와인을 소개하며 스몰 플레이트 메뉴를 함께 주문할 수 있다.

KAFFEINE

카페인 (P.067)

런던 최고의 카페를 말할 때 빼놓을 수 없는 곳. 호주식 카페로 롱블랙과 플랫화이트 등 커피가 맛있기로 유명하고 샐러드와 베이커리 종류도 다양하다.

THE WALLACE COLLECTION

더 월리스 컬렉션 (P.042)

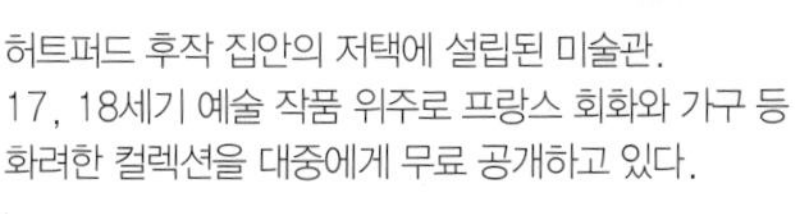

허트퍼드 후작 집안의 저택에 설립된 미술관. 17, 18세기 예술 작품 위주로 프랑스 회화와 가구 등 화려한 컬렉션을 대중에게 무료 공개하고 있다.

IN LONDON

런던 주요 지역 & 추천 스폿

MAYFAIR & SAINT JAMES'S & WESTMINSTER

THE NEW CRAFTSMEN
더 뉴 크래프트맨 (P.099)

영국 공예품 디자이너들의 작품만을 모아놓은 곳으로, 독특하고 고급스러운 라이스프타일 제품들이 많다. 갤러리에서 전시 관람하듯 자유롭게 구경하고 구입할 수 있다.

메이페어 & 세인트 제임스 & 웨스트민스터, 런던의 다양한 매력

메이페어에는 고급 레스토랑들이 모여있고, 세인트 제임스는 아름다운 도심 공원인 그린 파크와 세인트 제임스 파크가 있는 지역. 그리고 바로 아래의 웨스트민스터에는 런던의 주요 랜드마크인 국회의사당과 웨스트민스터 사원이 자리한다.

PLUS

그린 파크와 세인트 제임스 파크

런던의 큰 자랑거리 중 하나는 세계적인 대도시이면서도 '그린'이 많다는 점. 도심 곳곳에 시민들의 소중한 휴식처인 아름다운 공원들이 자리한다. 이 지역의 그린 파크와 세인트 제임스 파크는 런던 중심가의 대표적 공원들. 기대 이상으로 근사한 풍경을 만날 수 있으니 여유를 가지고 공원 산책을 즐겨보자.

HEDONISM WINES
헤도니즘 와인 (P.089)

영국 최대의 와인 숍. 눈이 휘둥그레질 정도로 수많은 와인을 보유하고 있으며, 지하에는 와인 시음 공간도 갖추고 있다. 글라스 등 여러 와인 액세서리도 판매한다.

POSTCARD TEAS
포스트카드 티 (P.064)

아시아 지역 티를 포함해 세계의
소규모 티 농장과 거래하며
그들의 차를 소개하는 티 숍.
차를 좋아하는 사람이라면 꼭
들러볼 만한 곳이다.

SKETCH 스케치 (P.062)

아티스트의 작품으로 가득 채워진 '더
갤러리'를 비롯해 스타일리시한 여러
공간으로 이뤄진 레스토랑이자 카페.
애프터눈 티 메뉴도 운영한다.

FORTNUM & MASON
포트넘 앤 메이슨 (P.064)

영국의 대표적인 티 브랜드로 홍차와 쿠키,
잼과 꿀 등 다양한 식료품을 판매한다.
틴 케이스의 디자인과 패키지가 예뻐서
선물하기에도 좋다.

WESTMINSTER ABBEY
웨스트민스터 사원 (P.014)

런던의 주요 랜드마크로 꼽히는
웅장한 고딕 양식의 역사적
건축물. 역대 왕들의 대관식이
열렸고, 영국 왕과 위인들이
잠든 곳이다.

지금 가장 핫한 지역, 해크니
HACKNEY

지역마다 각기 다른 멋을 간직한 런던. 해크니 지역은 특유의 힙한 매력이 있는 곳이다. 하루 정도 해크니 지역을 둘러보며 그 매력을 느껴보는 건 어떨까.

몇 년 전까지만 해도 런던에서 트렌디한 지역을 꼽으라면 많은 이들이 쇼디치를 꼽곤 했다. 물론 지금도 쇼디치는 젊고 역동적인 분위기가 있지만 그보다 인기 지역으로 떠오른 곳은 해크니다. 이곳은 예전엔 런던에서 생활 수준이 낮은 지역으로 꼽혔지만 2010년 이후 서서히 그 분위기가 바뀌기 시작했다. 많은 아티스트들이 해크니 지역으로 옮겨와 예술적 활기를 불어넣었고, 세련된 레스토랑과 카페가 생겨났으며 여행자들도 찾아오는 지역이 됐다. 이 지역의 매력을 만끽하기 위해서는 먼저 브로드웨이 마켓에 가볼 것을 권한다. 그리고 마켓이 끝날 무렵 펼쳐지는 녹색 공간, 런던 필즈에서 주말을 즐기는 현지인들과 함께 여유로운 시간을 보내며 주변 산책을 해도 좋겠다. 브로드웨이 마켓에서 시작해 런던 필즈, 윌튼 웨이까지 해크니 지역에서 같은 날 둘러보기 좋은 흥미로운 곳들을 소개한다.

BROADWAY MARKET

브로드웨이 마켓 — **런던 필즈 역, 버스 394 236**

해크니의 발전과 분위기 전환에 중요한 역할을 한 곳이 바로 브로드웨이 마켓이다. 토요일에만 문을 여는 이 마켓은 2004년 40여 개의 부스로 시작했고 십수 년이 지나는 동안 3배 이상의 규모로 성장했다. 스트리트 푸드와 뛰어난 퀄리티의 베이커리, 신선한 야채, 패션 소품들과 실내 인테리어 소품을 판매하는 부스가 거리를 가득 채운다. 특히 이곳은 현지인들로 붐비는 마켓으로, 이스트 지역의 스타일리시한 런더너들이 주말의 일상을 보내는 모습을 볼 수 있다.

→
Broadway Market, E8 4QJ
토 9:00-17:00
Map ··· ①-C-3

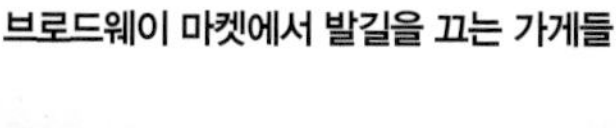

브로드웨이 마켓에서 발길을 끄는 가게들

SHE'S LOST CONTROL
쉬즈 로스트 컨트롤

74 Broadway Market, E8 4QJ
월-금 10:30-18:00, 토 10:00-18:00, 일 11:00-17:00
Map ··· ①-C-3

예쁜 원석과 향기 테라피 제품, 별자리 관련 주얼리, 타로 카드 등을 판매하는 흥미로운 숍이다. 2014년 웰빙과 영적 성장을 주제로 론칭한 브랜드로 2020년 브로드웨이 마켓에도 문을 열었다.

CLIMPSON & SONS
클림슨 앤 선스

67 Broadway Market, E8 4PH
월-금 7:30-17:00, 토 8:30-17:00, 일 9:00-17:00
필터 커피 £3, 플랏 화이트 £2.6
Map ··· ①-C-2

해크니 지역뿐 아니라 런던 전체에서 커피 맛이 뛰어나기로 유명한 카페다. 런던 시내의 여러 카페에서도 클림슨 앤 선스의 원두를 사용하는 것을 볼 수 있다. 토요일에는 마켓에 별도 부스도 설치해 운영한다.

FABRICATIONS
패브리케이션

7 Broadway Market, Dalston, E8 4PH
화-금 12:00-17:30, 토 10:00-17:30, 일 11:00-17:00
Map ··· ①-C-3

텍스타일을 전공한 디자이너가 2000년 오픈한 숍. 친환경 홈웨어와 잡화를 판매하며, 버려지는 것들을 새로운 시각에서 접근해 독특한 패브릭 제품들을 선보인다.

OFF BROADWAY
오프 브로드웨이

63-65 Broadway Market, E8 4PH
월-금 16:00-00:00, 토·일 12:00-00:00
맥주(파인트) £4-5, 칵테일 £9-11
Map ··· ①-C-3

오프 브로드웨이라는 이름처럼 마켓이 끝난 이후 시간에도 사랑받는 장소다. 낮에는 야외에서 맥주를 마시며 대화를 나누는 사람들로 붐비고, 저녁 시간에는 지역의 특색을 살린 참신한 칵테일 메뉴가 인기다.

NETIL MARKET

네틸 마켓 —— 런던 필즈 역

브로드웨이 마켓 바로 근처에는 또 하나의 작은 마켓이 있다. 한층 아기자기한 느낌의 네틸 마켓에서 만날 수 있는 것은 디자이너의 공예품, 빈티지 의류와 주얼리, 커피와 케이크, 꽃, 레코드, 그리고 다양한 푸드를 판매하는 부스들. 평일에도 상주하며 문을 여는 가게들이 있고, 토요일에는 더 많은 판매자들이 참여해 마켓을 연다. 규모는 작지만 활기찬 분위기는 브로드웨이 마켓에 뒤지지 않는다.

←
13 – 23 Westgate St, London E8 3RL
화–금 9:00–18:00, 토 · 일 11:00–18:00 **Map** ··· ①-C-3

CRATE BREWERY

크레이트 브루어리 —— 해크니 윅 역

해크니 지역에는 과거 공장지대였던 분위기가 아직 남아있다. 크레이트 브루어리 또한 예전에 인쇄 공장이던 건물을 2012년 마이크로 브루어리로 탈바꿈시켰고, 맥주와 화덕 피자를 판매하며 오픈 직후부터 인기를 끌기 시작했다. 긴 나무 테이블과 의자가 놓인 실내외 공간은 언제나 활기가 넘치고, 저녁에는 디제잉이나 라이브 공연도 감상할 수 있다. 현재 이스트 런던의 분위기를 가장 잘 반영하는 장소라 해도 과언이 아닐 것.

→
7, The white building, Queen's Yard, E9 5EN
일–목 12:00–23:00, 금 · 토 12:00–00:00
맥주(파인트) £6.5–7, £피자 13–15
Map ··· ①-C-2

SILO LONDON

사일로 런던

해크니 윅 역

런던에서 제로 웨이스트Zero Waste를 위해 노력하고 있는 대표적인 레스토랑으로, 해크니 윅Hackney Wick 지역에 자리한다. 환경을 존중하고, 음식을 만드는 과정에도 그런 철학이 깃들어 있는 곳으로 다양한 재료를 활용해 제로 웨이스트를 위한 실험을 계속하고 있다. 직접 재배한 재료를 포함해 천연 재료를 사용해 음식을 만들며, 레스토랑으로 배달되는 식재료는 모두 재사용이 가능한 용기를 사용한다. 레스토랑의 인테리어 곳곳에도 버려진 재료를 재가공해 업사이클링으로 완성한 멋스러운 가구가 눈길을 끈다.

→
Unit 7 Queens Yard, Hackney Wick, E9 5EN
수-금 18:00-23:00, 토 13:00-14:00, 18:00~23:00
디너 코스 £45-65, 글라스 와인 £ 8-14 Map ··· ①-C-2

WAVE

웨이브

런던 필즈 역

2019년 해크니 센트럴Hackney Central 지역에 문을 연 트렌디한 채식 레스토랑이자 카페다. 비건인 친구들이 공동으로 설립한 곳으로, 웨이브WAVE의 의미는 'We Are Vegan Everything'을 뜻한다. 아늑하면서도 이국적인 분위기의 인테리어가 특징이며, 모든 메뉴는 채식주의자들의 입맛에 맞춰 구성했다. 글루텐 프리 옵션과 비건 옵션, 베지테리언 옵션 등 세부적으로 선택할 수 있는 메뉴를 제공한다. 간단하게 먹을 수 있는 베이글과 크루아상부터 팬케이크, 맥 앤 치즈 등 건강한 재료로 풍미를 살린 음식들이 많고 커피와 스무디, 주스 등 음료 메뉴도 다양하다. 가벼운 아침이나 브런치를 즐기기 좋고, 휴일 없이 매일 오픈한다는 것도 이곳의 장점.

→
11 Dispensary Lane, Hackney, E8 1FT
월-금 8:30-17:00, 토 9:00-17:00, 일 10:00-16:00
솔티드 커피 £ 3.8, 맥 앤 치즈 £ 10
Map ··· ①-C-2

건강한 브런치 메뉴

E5 베이크하우스

런던 필즈 역

런던 필즈 역 바로 아래 아치형 공간에 자리한 유기농 베이커리로, 해크니 지역에서 가장 사랑받고 있는 빵집이자 카페다. 좋은 재료를 사용한다는 철학이 뚜렷하다는 점이 특히 믿음직스러운 부분. 유기농 재료로 매일 구워내는 빵은 일찌감치 품절일 때도 많다. 신선한 빵을 이용한 브런치 메뉴가 다양해 식사를 하기도 좋고, 카페와 나란히 자리한 숍에서는 농산물과 유제품, 견과류, 제빵 도구, 와인과 맥주 등을 판매한다.

→
395 Menlmore Terrace, E8 3PH
월–금 7:30–18:00,
토·일 8:00–17:30
브런치 메뉴 £7.5–8
Map ⋯ ①-C-2

윌리엄 체셔 주얼리 스토어

런던 필즈 역, 버스 394 236

브로드웨이 마켓 입구에 자리한 고급 주얼리 숍이다. 모든 제품을 직접 디자인하고 제작하는 윌리엄 체셔는 영국의 여러 브랜드에 제품을 판매하다가 해크니에 자신의 이름을 걸고 숍을 오픈했다. 작업실과 숍이 같은 건물에 자리해 직접 고객들을 응대하며 상담해주고, 현장에서 고객이 원하는 대로 제품을 수정 제작해주기도 한다. 화려하고 대담한 디자인도 많은 편.

→
14 Broadway Market, E8 4QJ
월–금 11:00–18:00, 토 11:00–16:00
Map ⋯ ①-C-3

INTERVIEW

WILLIAM CHESHIRE

해크니 지역의 주얼리 디자이너,
윌리엄 체셔와의 만남

브로드웨이 마켓 초입에는 디자이너가 자신의 이름을 내걸고 운영하는 주얼리 부티크가 자리한다. 바로 윌리엄 체셔 주얼리 스토어다. 건물 지하에 작업실을 마련해두고 직접 고객들을 만나 디자인 주얼리를 제안하는 윌리엄 체셔는 1990년대 초반부터 이스트 런던에 거주했다. 지역의 변화와 성장을 매일 실감한다는 그를 만나, 그가 사랑하는 런던과 해크니 지역의 매력에 대해 들어보았다.

이 플래그십 스토어는 해크니에서도 가장 활기 넘치는 길에 자리한 것 같습니다. 어떻게 이 자리를 선택하게 됐나요?
브로드웨이 마켓은 이스트 런던에 거주하는 사람들이 모여서 어울리는 장소죠. 이 지역이 발전하면서 크리에이티브한 사람들을 쉽게 만날 수 있는 곳이 됐어요. 그래서 2013년 제 매장을 열기로 결심했을 때 이곳을 선택하는 건 매우 당연한 결정이었습니다. 지하에 넓은 작업공간을 둘 수 있다는 점도 마음에 들었죠.

이 매장을 열기 전에는 어떤 활동을 했는지 궁금합니다.
영국 리즈에서 가구 디자인을 전공했고 1990년대 초반 런던으로 이주해와 바로 주얼리 디자인으로 전향했죠. 7년간 주얼리 디자인과 맞춤 제작에 대한 모든 것을 배운 뒤 독립했습니다. 처음에는 제 컬렉션을 폴 스미스를 포함한 영국의 몇몇 패션 브랜드에 판매하다가 제 브랜드를 설립한 뒤엔 독자적인 디자인과 제품을 제 이름으로 내놓기 시작했습니다.

"이스트 런던은 매주 변화하고 있죠"

당신의 주얼리 디자인은 도시적이란 평가가 있습니다. 런던으로부터 영감을 받는 부분도 있나요?
그럼요. 이 도시가 항상 제게 영감을 불어넣어줍니다. 제 작업은 런던의 활기찬 환경과 자유로운 정서에서 영향을 받았습니다. 이 지역의 공원인 런던 필즈에서 본 자연 풍경에도 영감을 받았는데, 페더 컬렉션Feather Collection은 그곳에서 본 새의 깃털에 착안한 디자인입니다.

최근 십수 년간 런던에서 특히 많은 변화를 겪은 곳이 이스트 런던인 것 같습니다. 이 동네에 오랜 시간 살면서 변화를 얼마나 실감하나요?
처음 런던에 왔을 땐 쇼디치에 살았고, 지금까지 26년의 런던 생활 중 대부분은 해크니에 살았어요. 정말 극적인 변화가 있었죠. 그 변화를 지켜보는 게 제 인생의 큰 부분이었고 그것이 저를 이곳에 계속 머물게 만든 것 같습니다. 제 사업을 운영하게 하고 미래를 만들어가도록 했으니 저 또한 그 변화의 일부분이라 해야겠네요.

이곳에 아티스트들의 작업실이 많은 것도 비슷한 이유가 아닐까요?
네, 그리고 공간에 대한 실질적인 이유도 있죠. 이 지역엔 많은 공업 건물과 대형 창고가 남아있는데 그것이 작업 공간을 필요로 하는 아티스트들에겐 좋은 조건이니까요. 또 상생과 교류 또한 매우 중요한 요소예요. 다른 영역의 사람들과 서로 아이디어를 주고 받으며 커뮤니티를 형성하는 것이 이곳에선 가능합니다. 저 또한 많은 아티스트들을 이 지역에서 만났습니다.

많은 사람들이 해크니 지역의 성장과 변화에 감탄하는데, 브로드웨이 마켓이 해크니 지역의 성장에 큰 영향을 미친 것 같다는 생각이 듭니다.
맞아요. 이 마켓이 처음 생겼을 때 이곳 사람들에게 아주 신선한 경험이었죠. 훌륭한 유기농 제품을 거리 마켓에서 사는 일이 흔치 않았으니까요. 브로드웨이 마켓이 대성공을 거두면서 거리의 분위기를 완전히 바꿨고, 이 마켓을 통해 수많은 사람들이 해크니를 재발견했죠.

현재 해크니를 쇼디치 지역과 비교한다면 어떤 느낌인가요?
지금 쇼디치는 그 자체로 하나의 '브랜드'가 된 것 같아요. 예전보다 개성 있는 곳이 많이 생겨났어요. 하지만 개인이 사업을 하기에는 경제적으로 부담스러운 지역이 되어버렸고, 그래서 큰 사업체들이 쇼디치에 속속 등장하면서 대형 브랜드의 매장이 생겨났습니다. 이젠 쇼디치가 제가 기억하는 자유로움에서 많이 벗어난 곳이 되어버렸다고 생각해요. 하지만 런던은 다양성을 간직한 도시이니 그 또한 변화가 계속되는 런던의 일부죠.

사람들은 지금도 이스트 런던을 상대적으로 위험한 지역이라고 말하곤 합니다. 이 부분에 대해서는 어떻게 느끼나요?
예전엔 그랬지만 더 이상 그렇지 않다고 생각합니다. 이 지역에 정착하는 이들이 늘어나면서 많이 개선됐어요. 다른 대도시와 마찬가지로 일부 지역은 늦은 밤시간에 그리 안전하지 않을 수도 있지만, 저는 확실히 예전보다 범죄 소식을 듣는 횟수가 훨씬 줄어들었다고 느낍니다.

해크니 지역에서 꼭 둘러볼만한 곳들을 추천한다면 어디인가요?
바로 이 매장에서 멀지 않은 곳에 좋은 산책로가 있습니다. 리젠트 운하죠. 달스턴 정션도 이곳에서 멀지 않은데 바와 레스토랑이 많고 저녁 시간에 특히 분위기가 좋죠. 그리고 월튼 웨이도 흥미로운 카페와 펍이 많아서 추천하고 싶네요.

당신이 생각하는 런던의 키워드가 궁금하네요.
이곳에는 '항상' 새로운 시도와 도전이 있죠. 실험적이기도 해요. 동시에 포용력과 다양성, 활기를 지닌 도시가 바로 런던입니다.

지금 가장 떠오르고 있는 지역, 페컴

PECKHAM

페컴은 최근 분위기가 급변하고 있는 지역. 몇 년 뒤 해크니의 인기를 뒤이을 지역은 아마도 페컴이 될 것이다.

'발견'의 재미를 누리고 싶다면, 그리고 평범한 관광지에서 조금은 벗어난 곳에 가보고 싶다면 런던 남부의 페컴을 주목하자. 사실 페컴의 이미지는 몇 년 전까지만 해도 그리 좋지 못했다. 낙후됐고 빈곤한 지역으로 위험하다는 인식이 있어 런더너들은 그곳에 살지 않는 이상 굳이 찾아가지 않았고, 여행자들에게도 관심 밖의 지역이었다. 하지만 불과 몇 년 사이 젊은 런더너들이 약속장소로 제안하고 즐겨 찾는 지역으로 떠오르며 점차 사람들이 모여들기 시작했다. 이젠 개성 있는 카페와 레스토랑이 다른 지역 사람들에게도 인기를 끌고 있고, 페컴 라이 공원을 찾는 사람도 늘어났다. 그리고 2017년 연말 오픈한 페컴 레벨스Peckham Levels는 이 지역의 분위기 전환에 큰 역할을 했다. 이스트 런던이 발전하면서 젠트리피케이션으로 인해 또 다른 대안이 필요하자, 페컴이 주목 받기 시작한 상황. 페컴은 이제 여행자들도 한번쯤 가볼 만한 장소가 됐다. 이 지역이 가진 기존의 이미지 때문에 망설여진다면 낮 시간에만 머무르며 동네 분위기를 느껴보자. 페컴만의 매력을 발견할 수 있을 것이다.

PLUS

다이내믹한 아트 허브

페컴은 현재 런던 현대미술계가 주목하는 지역. 예술가들이 페컴을 찾기 시작한 것은 임대료가 저렴하다는 경제적 이유였지만 그들이 이곳에서 커뮤니티를 형성하며 예술적 색채가 더해지고 있다. 최근 설립된 페컴 레벨스가 지역 예술계의 발전을 이끄는 듯하다.

다문화를 느낄 수 있는 현장

페컴은 오래 전부터 이민자들이 많이 거주해온 지역. 예전엔 그런 이유로 색안경을 끼고 바라보기도 했다. 하지만 이제는 세계 여러 나라의 음식을 비롯해 다양한 문화를 접할 수 있는 공간이 많다는 점이 매력으로 꼽힌다.

PECKHAM LEVELS

페컴 레벨스 페컴 라이 역

현재 런던 남부 지역의 크리에이티브 허브로 자리매김하고 있는 곳. 본래는 주차장 건물이었지만 사무실이 들어서고 루프톱 바가 생기면서 색다른 분위기로 바뀌기 시작했고, 다시 예술가들을 위한 공간으로 개발해 2017년 12월 페컴 레벨스가 문을 열었다. 4층까지는 아티스트들의 작업실과 예술계 종사자들의 사무실이 입주했고, 외부인이 방문할 수 있는 5, 6층에는 다양한 카페와 음식점, 바가 입점했다. 주로 입주 아티스트와 페컴 지역 젊은이들이 많이 이용하는 곳으로 다른 지역에 비해 가격도 저렴한 편이다.

입구를 찾기가 조금 까다롭다. 페컴 지역의 아티스트인 린다 스콧이 그린 'Peckham Levels' 벽화를 지나 골목을 돌 듯 안쪽으로 들어가면 노란 벽에 검은 문이 나타난다.

→ 1 to 6 Peckham Town Centre Carpark, 95A Rye Ln, SE15 4ST
일-수 10:00-23:00, 목-토 10:00-00:00
Map ⋯→ ④-B-4

RYE WAX

코로나19 이후 임시휴업을 하며 운영이 불규칙적이니, 방문 전 확인할 것!

라이 왁스 페컴 라이 역

더 CLF 아트 카페The CLF Art Café 건물의 지하에 자리한 라이 왁스는 한마디로 정의하기 조금 어려운 장소다. 페컴 지역에서 다양한 취향을 만족시킨다는 콘셉트로 2014년 오픈한 이 공간은 레코드 가게이면서 만화방이기도 하고, 식사를 할 수 있는 카페이면서 칵테일을 파는 바이기도 하다. 또 공연을 할 수 있는 공간인 라이 왁스 라운지Rye Wax Lounge가 함께 자리해 저녁 시간에는 여러 가지 이벤트가 열린다. 무료 입장이 가능한 경우가 많고, 티켓을 구입해야 하는 공연도 있다.

→
The CLF Art Cafe, 133 Rye Ln, SE15 4ST
화 · 수, 일 17:00-23:00, 목 12:00-2:30, 금 · 토 12:00-5:00
칵테일 £8 **Map** ⋯→ ④-B-4

다양한 스몰 플레이트 메뉴들

THE BEGGING BOWL

더 베깅 볼 — 페컴 라이 역

이민자들이 많이 거주하는 페컴 지역에서는 이국적인 음식점을 쉽게 찾을 수 있다. 타이 음식점인 더 베깅 볼은 그 중에서도 특히 잘 알려진 인기 레스토랑. 2012년 '오리지널 타이' 콘셉트를 추구하며 문을 연 이곳은 사람들에게 익숙한 태국 요리 대신 태국의 거리 음식에서 영감을 받아 타파스처럼 여러 가지 스몰 플레이트 메뉴를 선보인다. 그래서 그린 커리와 같은 일반적인 메뉴는 없지만 일행이 함께 즐기기 좋은 다양한 음식이 있다. 직원들이 메뉴 선택을 친절히 도와줄 것.

→
168 Bellenden Rd, SE15 4BW
월-목 18:00-22:00, 금·토 12:00-14:30, 18:00-22:00, 일 12:00-15:00, 18:00-21:30
샐러드, 볶음요리 £8-22
Map ⋯ ④-B-4

GALLERY

MOCA LONDON

→ 113 Bellenden Rd, London SE15 4QY
목·금 14:00-18:00, 토 12:00-16:00 **Map** ⋯ ④-B-4

MOCA 런던 — 페컴 라이 역

미국의 멀티미디어 아티스트이자 작가, 큐레이터인 마이클 페트리Michael Petry가 페컴 지역에 설립한 현대미술 갤러리. 지역에 기반을 두고 있지만 세계적 성장 가능성이 있는 작가들을 선정해 그들의 작업을 소개하는 비상업적 공간이다. 일주일에 단 사흘, 오후 시간에만 문을 여는 작은 갤러리지만 젊은 작가들의 흥미로운 프로젝트가 종종 진행되니 시간이 맞는다면 들러볼 만하다.

COAL ROOMS

코얼 룸 — 페컴 라이 역

페컴 라이 역과 바로 이어지는 위치에 자리한 코얼 룸은 기차역의 티켓 판매소로 사용되던 공간을 개조해 2017년 가을 오픈했다. 바와 레스토랑 공간으로 나뉘며 월요일부터 금요일까지 낮 시간에는 작업 공간이 필요한 이들을 위해 코워킹 스페이스도 운영한다. 레스토랑은 육류 요리가 훌륭해 페컴 지역의 다이닝 신을 넓혔다는 평가를 받고 있는데 채식주의자들을 위한 메뉴도 함께 갖추고 있다.

Coal Rooms, 11a Station Way, SE15 4RX
월–토 6:30–23:00, 일 9:00–18:00
선데이 토스트 £20–35, 단품 £20–60 Map ··· ④-B-4

페컴 지역에서 보내는 특별한 반나절

여행 기간이 길지 않은 여행자들이 페컴 지역을 방문할 계획이라면 알찬 반나절 계획을 세워보길 추천한다. 가장 우선적으로 가볼 만한 곳은 페컴 레벨스이고, 그다음으론 페컴 지역의 개성 있는 레스토랑에서 식사를 하며 다문화를 경험해 보는 것도 좋다. 그리고 추가로 아래의 선택지도 고려해 보길.

M. MANZE M. 맨즈

105 Peckham High St, London SE15 5RS 월 11:00–14:00, 화–목 10:30–14:00, 금 10:00–14:15, 토 10:00–14:45 Map ··· ④-B-4

타워 브리지 근처에 자리한 영국의 역사적인 파이 가게 M. 맨즈(P.73)는 페컴 지역에 또 하나의 지점이 있다. 가족이 100년 넘는 전통을 이어오고 있는 곳으로, 런던에서 가장 오래된 파이 앤 매시 전문점이다.

TRAID PECKHAM TRAID 페컴

14–16 Rye Ln, SE15 5BS 월–토 11:00–19:00, 일 11:00–17:00 Map ··· ④-B-4

빈티지 아이템 쇼핑에 관심이 있다면 이 지역에선 TRAID 페컴을 방문해야 한다. 제품이 아주 다양하고 다른 지역의 빈티지 매장보다 더 독특한 아이템을 찾을 수 있다.

PECKHAM LIBRARY 페컴 도서관

122 Peckham Hill St, SE15 5JR 월–화, 목–금 9:00–20:00, 수 10:00–20:00, 토 10:00–17:00, 일 12:00–16:00 Map ··· ④-B-4

캔틸레버 구조로 설계된 페컴 도서관은 이 지역의 랜드마크 중 하나다. 2018년 세상을 떠난 영국 건축가 윌 알솝Will Alsop의 작품이며, 그는 페컴 도서관으로 영국 건축계의 오스카라 불리는 스털링상을 수상했다.

RYE LANE MARKET 라이 레인 마켓

48 Rye Ln, SE15 5BY 월–일 9:30–19:30 Map ··· ④-B-4

라이 레인에 위치한 마켓으로 50여 개 이상의 작은 매장이 모여 있다. 특히 아프리카 이민자들의 상점이 많으며, 활기 넘치는 분위기에서 다양한 먹거리와 이국적인 향신료 등을 찾아볼 수 있다.

Tripful

SPOTS TO GO TO

런던을 한마디로 정의한다면 '영감을 주는 도시'가 될 것이다. 클래식한 멋을 간직하고
있으면서도 역동적인 변화가 계속되는 이 도시는 전 세계의 크리에이터들이
주목하는 곳이자 늘 다시 찾고 싶어하는 도시다. 건축, 디자인, 아트, 공연 등
각 분야에서 참신한 아이디어를 발견하고 생동감 넘치는
창작세계를 접하며 런던의 매력에 한층 더 깊이 다가가보자.

OU COULD
SH FOR'
'GLEAM, GL
AND SPA

SPOTS TO GO TO
01

MUSEUM & GALLERY

부담 없이 즐기는 미술 산책

여행지에서 잠시 들어간 미술관에서
어쩌면 평생 기억에 남을 작품과
마주하게 될 지도 모른다. 런던의 수많은
미술관과 갤러리들 중에서도
주요 아트 스페이스들을 골라봤다.

세계 문화 수도로 꼽히는 런던에서는 수많은 미술관과 갤러리들이 다채로운 전시를 개최하고 있다. 그런데 입장료를 사기 위해 미술관 앞에서 긴 줄을 선 사람들의 모습은 런던에선 거의 볼 수 없는 풍경이다. 특별전을 제외하고는 미술관의 전시 대부분이 무료 관람이기 때문. 도시가 가진 문화적 콘텐츠를 런던 시민, 그리고 관광객들과 적극적으로 나누겠다는 의도다. 여러 미술관에서는 일주일에 한번 저녁 늦게까지 문을 여는 '뮤지엄 나이트' 프로그램이나 특정 시간마다 작품 설명을 해주는 무료 가이드 투어를 운영하는 등 보다 많은 관람객들에게 다가가려는 노력을 하고 있다. 그러니 런던을 여행한다면 짧은 일정이라도 시간을 내어 꼭 미술관이나 갤러리 한두 곳 정도는 들러볼 것을 권한다. 유수의 유럽 회화를 감상할 수 있는 런던의 대표적 미술관들부터 현재 전 세계 현대미술계에서 활약하는 아티스트들을 소개하는 상업 갤러리들까지, 선택의 폭은 넓다.

© FRIEZE LONDON

FRIEZE LONDON
프리즈 런던

세계 현대미술계의 흐름을 주도하는 영향력 있는 아트 페어 중 하나. 160여 개의 갤러리가 참여하며 작가, 큐레이터, 평론가, 아트 컬렉터, 애호가들이 모여든다. 신진작가들부터 명성을 떨치는 거장들까지 미술 시장에서 관심이 집중되고 있는 작가들의 작품을 만날 수 있다. 매년 10월, 리젠트 파크의 거대한 임시 구조물에서 열리는 특별한 미술 시장이다.

알아두면 유용한 몇 가지 정보들

1 선택이 고민이라면
서양 회화에 관심이 많다면 내셔널 갤러리와 테이트 브리튼을 우선적으로 방문할 것을 추천한다. 현대미술 작품을 위주로 보려면 테이트 모던과 화이트 채플, 사치 갤러리를, 그리고 현재 세계 미술 시장에서 핫한 작가들의 전시를 관람하고 싶다면 헤이워드 갤러리, 화이트 큐브의 일정을 확인하고 방문해보자.

2 '인생 작품'을 만났을 때
갤러리들은 대부분 사진 촬영을 허용하니 작품을 찍어도 된다. 단, 플래시는 터뜨릴 수 없다. 감동적인 작품을 만난다면 눈과 마음에 담는 것이 최고. 하지만 아쉬움이 남는다면 사진으로 남기거나, 뮤지엄 숍에 들러 그 작품의 프린트를 판매하는지 확인해보자.

3 이번이 재방문이라면
예전에 가본 곳이라 해도 다시 방문할 이유는 충분하다. 지속적으로 새로운 소장품이 들어오고 작품이 바뀌기 때문. 또 내셔널 갤러리, 테이트 브리튼, 테이트 모던은 훌륭한 기획 전시가 몇 개월 단위로 열리며, 특히 테이트 브리튼은 매년 9월 즈음부터 다음해 초까지 터너 상 후보 작가들의 전시를 개최한다.

CLASSIC

THE NATIONAL GALLERY
내셔널 갤러리

차링 크로스 역

TRAFALGAR SQUARE, WC2N 5DN
월-목, 토,일 10:00-18:00,
금 10:00-21:00 Map → ②-E-3

여행자들에겐 관광명소인 여러 랜드마크 만큼이나 빠지지 않고 방문해야 할 곳으로 꼽히는 곳이 아마 내셔널 갤러리일 것이다. 1824년 단 38점의 작품으로 개관한 이곳의 소장품은 현재 2,300여 점이 넘는다. 초기 르네상스부터 19세기 후반에 이르는 방대한 컬렉션을 소장하고 있는데 유럽 미술사에서 중요한 위치를 차지하는 작품들이 많다. 미켈란젤로, 보티첼리, 빈센트 반 고흐, 클로드 모네, 폴 세잔, 렘브란트 등의 잘 알려진 작품들을 놓치지 말고 감상해보길.

Near By
내셔널 갤러리 옆에는 영국 유명인사들의 초상화를 전시한 내셔널 포트레이트 갤러리가 자리한다. 이 갤러리는 특히 전망이 좋은 '더 포트레이트 레스토랑'이 유명한데, 영화 〈클로저〉에도 등장한 장소다.

More Info
내셔널 갤러리가 자리한 트라팔가 광장TRAFALGAR SQUARE은 1805년 트라팔가 해전을 기념해 만든 것으로 중앙 분수대가 있는 넓은 공간에 넬슨 제독의 기념비가 있다. 행위 예술이나 버스킹을 하는 아티스트들의 모습을 흔히 볼 수 있고 주말에는 집회도 자주 열린다.

THE WALLACE COLLECTION
더 월리스 컬렉션

본드 스트리트 역

HERTFORD HOUSE, MANCHESTER SQUARE, MARYLEBONE, W1U 3BN
월-일 10:00-17:00
Map → ②-B-2

고풍스럽고 우아한 분위기가 가득한 이곳은 허트퍼드Hertford 후작 집안의 저택에 설립된 미술관. 가문의 후손인 리차드 월리스 경Sir Richard Wallace의 부인이 1897년 국가에 기증한 뒤 1900년 개관했다. 소장품은 허트퍼드 후작 집안이 수집한 17, 18세기의 예술 작품으로 프랑스 회화와 가구, 주얼리 컬렉션 등 화려한 작품들이 많다. 2018년 월리스 경의 탄생 200주년을 맞아 대규모 특별전을 개최하기도 했다.

CLASSIC

TATE BRITAIN
테이트 브리튼

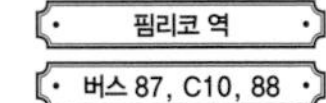

MILLBANK, WESTMINSTER, SW1P 4RG
월-일 10:00-18:00 **Map** ···→ ④-A-4

테이트 모던과 마찬가지로 테이트 갤러리 네트워크에서 운영하는 미술관. 사업가 헨리 테이트 경Sir Henry Tate의 기부로 1897년 건립됐고 고전적인 양식의 건물이 우아한 인상을 준다. 이곳은 특히 영국 작가들의 컬렉션이 뛰어나며, 미술관 내 '클로어 갤러리'에서는 19세기 영국 최고의 풍경화가로 평가 받는 윌리엄 터너의 작품을 만날 수 있다. 또 1984년부터 권위 있는 현대미술상 '터너상'을 주관하고 있는데 매년 가을에는 수상 후보자 4명의 전시가 개최된다.

THE COURTAULD GALLERY
코톨드 갤러리

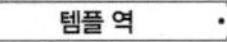

SOMERSET HOUSE, STRAND, WC2R 0RN 월-일 10:00-18:00
성인 £10-12
Map ···→ ②-F-3

다른 미술관과 달리 입장료가 있지만 보다 조용한 분위기에서 프랑스 인상파 화가들의 작품을 감상하고 싶다면 코톨드 갤러리를 추천한다. 코톨드 미술연구소의 일부로 1932년 개관한 이곳은 이탈리아 르네상스 작품부터 20세기 작품까지 갖추고 있는데, 역시 관람객들에게 가장 사랑 받는 작품은 프랑스 인상파와 후기 인상파 회화들. 에두아르 마네의 '폴리 베르제르의 술집'은 이 갤러리의 대표 소장품 중 하나다. 조르주 피에르 쇠라, 폴 세잔, 에드가 드가의 주요 작품을 전시하고 있다.

More Info
코톨드 갤러리가 자리한 서머셋 하우스SOMERSET HOUSE는 18세기 건축가 윌리엄 챔버스 경 SIR WILLIAM CHAMBERS의 작품으로, 영국의 위대한 공공 건축물 중 하나로 꼽힌다. 현재 다양한 행사 공간으로 활용되는데, 겨울에는 광장에 거대한 크리스마스 트리와 아이스링크가 설치된다.

MODERN & CONTEMPORARY ART

Don't Miss
전시 관람 외에도 서점과 신관 10층의 테라스는 꼭 들러볼 것. 테이트 모던의 서점은 아트북과 선물할 만한 아이템이 많고, 신관 10층에는 런던 전체를 내려다볼 수 있는 전망대를 무료로 개방하고 있다.

TATE MODERN
테이트 모던

서더크 역

BANKSIDE, SE1 9TG
일-목 10:00-18:00, 금 · 토 10:00-22:00
Map ··· ④-B-3

2000년 개관한 테이트 모던은 방치돼 있던 발전소를 리모델링해 세계 최고의 현대미술관으로 탈바꿈시킨 곳. 연간 관람객이 600만 명에 이를 정도로 많은 사랑을 받고 있는 이 미술관은 2016년 다시 한 번 큰 변화를 시도했다. 10층짜리 신관을 개관하며 전시 공간을 확장한 것. 현재 본관과 신관에서 1900년대부터 현재까지의 현대미술품을 전시하며 백남준을 포함한 한국 작가들의 작품도 전시 중이다.

SAATCHI GALLERY
사치 갤러리

슬론 스퀘어 역

DUKE OF YORK'S HQ, KING'S RD, CHELSEA, SW3 4RY
월-일 10:00-18:00
Map ··· ③-C-2

현대미술품 컬렉터인 찰스 사치Charles Saatchi가 1985년 설립한 갤러리. 런던 북부에서 출발해 템스 강변과 사우스뱅크를 거쳐 현재 첼시에 자리한다. 설립자의 뛰어난 안목으로 재능 있는 젊은 예술가들의 작품을 소개했고 레이첼 화이트리드, 트레이시 에민 등 영국 작가들을 알렸다. 모두 지금은 유명세를 떨치고 있는 작가들. 사치 갤러리에서 신진 작가의 작품을 전시 중이라면 눈여겨봐야 한다. 미래에 엄청난 거장이 될 지도 모르니까.

WHITECHAPEL GALLERY
화이트채플 갤러리

알드게이트 이스트 역

77-82 WHITECHAPEL HIGH ST, E1 7QX
화-수, 금-일 11:00-18:00
목 11:00-21:00
Map ··· ①-C-4

1901년 설립된 화이트채플 갤러리는 웨스트 엔드에 비해 부족했던 이스트 엔드의 문화 인프라를 끌어올린 곳이다. 그동안 획기적인 전시를 많이 개최했는데 1938년 피카소의 유명한 작품 '게르니카'도 이곳에서 공개됐다. 세계대전 이후에는 미국 작가 잭슨 폴락과 마크 로스코의 전시를 비롯해 굵직한 기획전을 개최했다. 2009년 확장 오픈한 이후 더 넓은 공간에서 현대미술계의 중요한 작가들을 지역사회에 소개하는 역할을 계속하고 있다.

MODERN & CONTEMPORARY ART

HAYWARD GALLERY
헤이워드 갤러리

워터루 역

SOUTHBANK CENTRE, 337-338 BELVEDERE RD, SE1 8XX
월, 수, 금-일 11:00-19:00, 목 11:00-21:00
성인 £18-19
Map ⋯ ④-A-3

연중 다양한 이벤트가 열리는 복합문화공간 사우스뱅크 센터에는 그냥 지나치지 말아야 할 현대미술 갤러리가 있다. 매년 서너 차례씩 화제의 전시를 개최하는 헤이워드 갤러리가 그곳. 1968년 개관한 이곳은 현대미술계 거장들의 전시를 개최해왔다. 갤러리가 50주년을 맞은 2018년, 2년 넘게 진행한 보수 공사를 마치고 재개관을 했는데, 그 첫 전시로 세계적 사진작가 안드레아스 거스키의 개인전을 열어 화제가 됐다. 그리고 한국의 설치작가 이불의 전시가 이어졌다.

THE PHOTOGRAPHERS' GALLERY
더 포토그래퍼스 갤러리

옥스포드 서커스 역

16-18 RAMILLIES ST, SOHO, W1F 7LW
월-수, 토 10:00-18:00, 목-금 10:00-20:00, 일 11:00-18:00
성인 £8, 온라인 예매 £6.5
Map ⋯ ②-C-2

쇼핑 중심가 옥스포드 서커스 역에서 멀지 않은 곳에 사진 전문 갤러리가 자리한다. 1971년 영국 최초의 사진 전문 갤러리로 개관한 더 포토그래퍼스 갤러리는 5층 건물에 다양한 주제로 여러 개의 사진전이 동시에 개최되고 있다. 이곳은 매년 권위 있는 사진상인 도이체 뵈르제 사진상을 수여하고 몇 달간 선정 작가들의 작품을 전시한다. 사진에 관심 있는 이들이라면 꼭 한번 가볼 만한 곳이며, 지하에 자리한 서점에는 다양한 사진집 외에도 필름과 카메라 액세서리를 판매한다.

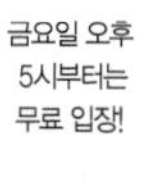

금요일 오후 5시부터는 무료 입장!

WHITE CUBE
화이트 큐브

런던 브리지 역
버로우 역

144-152 BERMONDSEY ST, SE1 3TQ
화-토 10:00-18:00, 일 12:00-18:00
Map ⋯ ④-C-4

화이트 큐브 역시 영국 작가들을 발굴해 알린 것으로 유명한 현대미술 갤러리다. 데미언 허스트, 샘 테일러 우드 등이 이곳을 거쳐간 대표적인 영국 작가들. 1993년 세인트 제임스 지역에 개관했고 2011년 버몬지에 새로운 공간을 오픈했다. 밝고 새하얀 공간이 상징적이며 버몬지 지역에 문을 연 이후 티에스터 게이츠의 첫 번째 영국 개인전, 척 클로스와 안젤름 키퍼의 대규모 전시를 개최했다. 지금도 계속 주목받는 전시를 이어가는 중.

LISSON GALLERY
리슨 갤러리

에지웨어 로드 역

67 LISSON ST, MARYLEBONE, NW1 5DA
화-토 11:00-18:00
Map ⋯ ③-C-1

영국의 아트딜러 니콜라스 록스데일이 1967년 설립한 갤러리다. 2014년 영국 신문 가디언은 그를 '미술계에서 가장 영향력 있는 인물'로 선정한 바 있는데, 그만큼 소속 작가들의 면면이 화려하다. 현재 라이언 갠더, 마리아 아브라모비치, 줄리안 오피, 다니엘 뷔랑, 아이웨이웨이 등이 리슨 갤러리의 소속 작가들. 전시 공간이 넓진 않지만 전 세계에서 가장 중요한 갤러리 중 한곳이란 점에서 방문해볼 만한 가치가 충분하다.

리슨 갤러리와 화이트 큐브는 한 전시가 끝난 후 다음 전시가 개최되기 전까지 작품 설치를 위해 문을 닫는다. 홈페이지에서 미리 전시 일정을 확인하고 방문하자.

SPOTS TO GO TO
02

DESIGN INSPIRATION

디자인 감성 충전하기

런던은 영향력 있는 디자이너들이 활약하며 전 세계 디자인 트렌드를 주도하는 도시다. 디자인에 관심 있는 이들이라면 놓치지 말아야 할 주요 스폿들을 모았다.

영감을 주는 디자인 스폿들

크리에이티브한 감성이 넘치는 런던에서도 특히 주목해야 할 분야는 '디자인'이다. 세계 디자인 트렌드를 제시하는 런던 디자인 페스티벌이 개최되는 이 도시는 '세계 디자인 수도'라 해도 과언이 아니다. 현재 수많은 디자이너들이 런던에서 영감을 얻어 대담한 시도를 하고 있으며, 그들은 서로 교류하며 활발한 협업을 이어가고 있다. 그러므로 디자인을 중심으로 이 도시를 들여다본다면 더욱 다채로운 매력을 발견할 수 있을 것. 감각적인 공공디자인으로 완성된 대중교통 시설에서 런던의 첫인상을 느꼈다면, 이제 디자인을 중심으로 한 뮤지엄, 디자이너들의 이름을 내건 숍, 기업의 특별한 쇼룸을 통해 런던 곳곳에서 디자인 감성을 충전해보자.

LONDON DESIGN FESTIVAL
런던 디자인 페스티벌

© EDMUND SUMNER

이 행사를 보면 런던이 디자인 분야에서 가진 영향력을 실감할 수 있을 것. 매년 9월, 9일 동안 런던 전역에 걸쳐 펼쳐지는 디자인 축제로 사우스 켄싱턴의 빅토리아 앤 알버트 뮤지엄 등의 전시 장소는 물론이고 도시 곳곳의 예상치 못한 장소에서 독창적인 디자인과 맞닥뜨릴 수 있다. 300여 개의 이벤트가 열리고 약 45만 명이 방문하는 대형 축제다.

LONDON DESIGN FAIR
런던 디자인 페어

이스트 런던의 브릭 레인에서 4일간 개최되는 행사로 30-40여 개국에서 550여 개 업체가 참여한다. 독립 디자이너와 디자인 브랜드에서 출품한 작품들을 감상할 수 있다. 가구, 조명, 섬유, 설치 작품 등에서 아이디어 넘치는 디자인이 가득한 전시회로, 런던 디자인 페스티벌의 개최 기간 중 4일간 열린다.

© CHRIS ALLERTON, COURTESY MASTERPIECE LONDON

MASTERPIECE LONDON
마스터피스 런던

런던에서 열리는 수많은 행사 중에서도 클래식하고 고풍스러운 멋을 제대로 느낄 수 있는 전시회다. 6월에서 7월 사이, 첼시 왕립 병원에서 개최되며 약 160여 개 업체가 참여해 미술품, 가구, 주얼리, 앤티크 작품을 전시한다. 일부 작품은 구입할 수도 있다.

디자인으로 특화된 뮤지엄

런던의 수많은 뮤지엄과 갤러리 중에서도 '디자인'을 주제로 둘러볼 만한 곳들이 있다. 빅토리아 앤 알버트 뮤지엄은 장식품과 복식 컬렉션 등 디자인에 관련된 중요한 자료들을 소장하고 있고, 디자인 뮤지엄은 디자인이라는 개념과 흐름을 다각적으로 전시해 일반 관람객뿐 아니라 디자인 학도들이 관심을 가질 만한 콘텐츠를 갖췄다. 두 미술관은 런던 디자인 페스티벌의 주요 전시와 행사가 개최되는 장소이기도 하다.

VICTORIA & ALBERT MUSEUM
빅토리아 앤 알버트 뮤지엄

사우스 켄싱턴 역

CROMWELL RD, KNIGHTSBRIDGE, SW7 2RL
월-목, 토 · 일 10:00-17:40, 금 10:00-22:00
Map ··· ③-C-2

흔히 'V&A'라고 줄여서 부르는 이곳은 빅토리아 여왕과 부군 알버트 공의 이름을 딴 세계 최대의 장식 · 디자인 미술관. 1852년 개관해 그 역사가 160년이 넘고, 회화, 조각, 공예 등 광범위한 분야에서 230만 여 점의 작품을 소장하고 있다. 특히 가구, 섬유, 패션 등 디자인 분야의 소장품이 압도적이며 상설전 외에도 탁월한 기획전이 이어진다. 패션과 문화 아이콘을 집중 조명하는 특별전이 자주 개최되고, 2022-2023년에는 '한류'를 주제로 전시를 개최해 화제를 모았다. 홈페이지에서 기획전 일정을 확인하고 방문하자.

Tip

V&A 뮤지엄에는 총 3개의 카페가 있으며 가든 카페와 야외 정원은 전시 관람 중 쉬어가기 좋은 근사한 휴식 장소다.

DESIGN MUSEUM
디자인 뮤지엄

하이 스트리트 켄싱턴 역

224-238 KENSINGTON HIGH ST, KENSINGTON, W8 6AG
월-일 10:00-18:00 Map ··· ③-B-2

'디자인으로 세상을 이해하고 세상을 바꿀 수 있다' 디자인 뮤지엄이 내건 가치다. 1989년 설립된 후 템스 강변에 자리했지만 2016년 말, 지금의 위치인 홀랜드 파크 옆으로 확장 이전했다. 기존보다 3배 정도의 전시 공간을 더 확보하고 재오픈 이후 다양한 전시를 선보이는 중. 개관 후 현대 디자인의 변천사를 전시한 상설전을 무료로 개최하고 건축, 패션, 가구, 제품 및 그래픽 디자인 분야를 아우르며 참신한 디자인의 세계를 소개하고 있다.

디자이너 숍

런던은 세계적 디자이너들이 거점을 두고 활약하는 도시다. 톰 딕슨은 정식 디자인 교육을 받지 않은 대신 자신만의 독창적인 디자인으로 스타 디자이너가 된 인물. 그리고 재스퍼 모리슨은 왕립예술학교에서 수학하고 런던에 자신의 디자인 스튜디오를 열며 세계적 디자이너로 발돋움했다. 톰 딕슨의 쇼룸과 재스퍼 모리슨의 숍에서 유용하고도 아름다운 것이란 어떤 디자인인지 확인해볼 수 있을 듯.

TOM DIXON SHOP
톰 딕슨 숍

킹스크로스 역

ARCHES, COAL DROPS YARD, 3-10 BAGLEY WALK, KINGS CROSS, N1C 4DH
월-토 10:00-19:00, 일 11:00-16:00 Map ⋯→ ①-A-3

디자이너 톰 딕슨의 작품을 만날 수 있는 곳은 많다. 하지만 톰 딕슨의 작품세계를 보여주는 단독 전시장은 드물다. 본래 노팅힐 지역에 쇼룸이 있었지만 2018년 봄 킹스 크로스 쪽으로 이전했는데 새로운 공간은 실로 놀라운 모습. 넓지만 각각의 공간이 구분된 전시장에서 톰 딕슨의 디자인 세계를 망라한 디스플레이를 선보이며, 친절한 직원들의 설명이 더해져 깊은 인상을 남긴다.

JASPER MORRISON SHOP
재스퍼 모리슨 숍

올드 스트리트 역 또는 버스 67, 149, 242, 243

24B KINGSLAND RD, E2 8DA
월-금 11:00-17:00 Map ⋯→ ①-B-3

주소대로 잘 찾아갔더라도 이곳이 맞는지 몇 번을 의심하게 되는 곳이다. 디자이너 재스퍼 모리슨의 작품을 전시한 공간은 마치 알고 찾아온 사람들에게만 공개한다는 듯 검은 대문이 꼭 닫혀있다. 벨을 누르고 문이 열리면 아늑한 공간으로 안내된다. 이곳에 전시된 심플하고 절제된 디자인의 가구와 소품들은 화려하지 않지만 세련된 멋이 있어 일상 속에서 오래도록 함께하고 싶은 물건들이다.

디자인 관련 기업의 쇼룸

오랜 역사를 지닌 영국 기업들이 런던에 쇼룸을 마련했다. 존슨 타일의 쇼룸은 디자인에 관심이 있다면 찾아가볼 만한 곳. 제품을 판매하는 곳이 아니라 브랜드가 추구하는 라이프스타일과 디자인 철학을 엿볼 수 있고, 재료와 컬러에 대한 영감을 얻을 수 있으니 갤러리를 방문하는 기분으로 둘러보면 좋을 듯하다. 런던 중심가에 자리한다.

MATERIAL LAB
머티리얼 랩

옥스포드 서커스 역

10 GREAT TITCHFIELD ST, MAYFAIR, W1W 8BB
월-금 9:00-17:30 Map ⋯→ ②-C-2

디자인과 재료에 관심이 많은 이들이라면 이곳을 놓치지 말 것. '재료 박물관'이라 할 만한 머티리얼 랩은 120년 가까운 역사를 지닌 영국의 타일 회사 존슨 타일이 2006년 오픈한 공간이다. 처음부터 건축가들과 디자인 커뮤니티의 의견을 수렴해 준비한 만큼 전문가들이 궁금해하는 재료 샘플을 다양하게 갖춘 것이 특징. 또 최신 인테리어 트렌드를 반영한 전시로 새로운 영감을 불어넣어 준다.

SPOTS TO GO TO
03

PERFORMANCE

런던,
공연 문화의 중심지

여행지에서 좋아하는 것들을 하나하나 즐기다 보면, 늘 시간이 부족하다는 생각이 든다. 런던은 바로 그런 이유로 다시 찾게 되는 도시다. 공연을 좋아하는 이들이 런던에 반하고 재방문을 계획하는 이유는 여러 훌륭한 공연장에서 잊지 못할 시간을 경험했기 때문.

로열 오페라 하우스의 객석
© ROH 2016, SIM CANETTY-CLARKE

performance event

BBC PROMS

BBC 프롬스

영국뿐 아니라 세계에서 최대 규모를 자랑하는 클래식 음악 축제다. BBC 프롬스가 처음 개최된 것은1895년으로 그 역사가 120년이 넘는다. 7월 둘째 주에 시작해 9월초까지 약 2달간 하이드 파크 근처에 자리한 5,200석 규모의 웅장한 공연장 로열 알버트홀에서 개최되며, 공연은 BBC 라디오 3에서 실황 중계한다. 4월에 프로그램 공개, 5월에 예매가 시작되는데 예매 오픈 당일에는 영국뿐 아니라 세계의 음악팬들이 동시 접속해 예매 전쟁이 치열하다. 하지만 현장에서 당일 구입할 수 있는 £8의 입석 티켓도 있으니 미리 예매를 하지 못했다 하더라도 공연을 즐길 수 있다. 세계적 명성의 오케스트라와 지휘자, 협연자들이 참여해 클래식 애호가들의 관심이 집중되는 페스티벌이다.

로열 알버트 홀
© BBC

EFG LONDON JAZZ FESTIVAL

EFG 런던 재즈 페스티벌

매년 11월이면 런던 전역의 공연장에서 약 열흘 동안 다양한 재즈 공연이 열린다. EFG 런던 재즈 페스티벌은 사우스뱅크 센터와 바비칸 센터 같은 런던의 대표적 공연장뿐 아니라 애호가들에게만 알려진 작은 재즈 클럽까지 참여하는 재즈계의 큰 축제다. 라인업도 화려한데 전설적인 재즈 거장들부터 다채로운 컬래버레이션 무대를 선보이는 젊은 아티스트들의 무대까지 감상할 수 있다. 재즈 싱어 나윤선이 이 페스티벌에 초대되기도 했다.

LONDON INTERNATIONAL FESTIVAL OF THEATRE

런던 국제 연극제

여름 시즌에 격년으로 개최하는 연극 축제. 런던 전역의 크고 작은 공연장에서 전 세계의 뛰어난 연극 작품들을 선보인다. 2018년 6월에는 사우스뱅크 센터의 퀸 엘리자베스 홀에서 국립창극단이 '트로이의 여인들'을 공연했는데, 이는 한국 고유의 음악극인 창극이 영국에서 최초로 공연한 것이다.

CONCERT HALL & OPERA HOUSE

공연 한 편으로 충만한 시간

클래식 음악, 발레, 오페라가 어려운 장르라는 편견은 버리자. 런던의 주요 복합문화공간과 클래식 공연장, 오페라 하우스를 찾아 공연을 감상하는 것은 현재 세계에서 주가를 올리고 있는 아티스트들의 무대를 볼 수 있는 좋은 기회다. 여행 중 만난 감동적인 공연 덕분에 애호가의 길로 성큼 다가가게 될 지도 모른다.

로열 오페라 하우스에는 폴 햄린 홀PAUL HAMLYN HALL이라는 근사한 샴페인바가 있다. 관객들이 공연 전후와 인터미션에 식사를 하거나 가볍게 샴페인 한잔을 즐기는 공간. 티켓 예매 시 이곳을 함께 예약할 수 있다.

ROYAL OPERA HOUSE
로열 오페라 하우스

코벤트 가든 역

BOW ST, WC2E 9DD Map ··· ②-E-3

코벤트 가든에는 영국 최고의 오페라 극장이 자리한다. 로열 오페라단과 로열 발레단의 공연이 열리는 이곳은 1732년 처음 문을 열었고, 화재로 불탄 후 1858년 재건립했으며 21세기를 앞둔 1990년 후반 대대적인 보수 공사를 했다. 그동안 수많은 명작이 이 무대에 올랐고 세계 초연으로 공연한 작품도 많은데 극장 내부 복도에 걸린 사진과 액자 속에 진열된 옛 카탈로그를 통해 이곳의 역사적 순간을 확인할 수 있다. 웅장하고 기품 있는 공연장은 2,268석 규모로 객석 내 조명 하나하나에도 세심하게 장식적 요소를 더했다.

More Info
만약 공연 관람을 하지 않고 로열 오페라 하우스의 내부를 둘러보고 싶다면 낮 시간에 운영하는 백스테이지 투어를 신청하는 것이 좋은 방법. 무대 뒤편에서 극장 곳곳을 돌아볼 수 있는 프로그램으로, 의상실과 소품실 등에 들어가 세계적인 오페라 하우스가 어떻게 공연을 준비하는지, 무대 세트가 어떻게 바뀌는지 살펴볼 수 있다.

BARBICAN CENTRE
바비칸 센터

바비칸 역

SILK ST, EC2Y 8DS Map ··· ①-B-4

바비칸 센터를 이야기할 때 자연스럽게 등장하는 용어가 있다. 1950년대 영국에서 시작된 건축 경향인 '브루탈리즘Brutalism'이다. 기능주의 건축양식으로 기존의 우아한 아름다움을 추구하던 건축양식에 반하는 거친 조형이 특징. 흉물스럽다는 반응을 비롯해 논란이 분분하기도 했지만 현재 바비칸 센터는 누가 뭐래도 시민들에게 사랑받는 문화공간으로 자리잡고 있다. 자체적으로 기획한 다채로운 공연 외에도 여러 뮤직 페스티벌의 개최 장소이기도 하다. 클래식과 현대음악 공연을 개최하는 메인 홀인 바비칸 홀은 1,943명이 관람할 수 있는 음악 홀로, 런던 심포니 오케스트라의 상주 공연장이다. 화제의 연극을 종종 개최하는 바비칸 극장은 1,156석 규모. 그리고 현대미술 전시를 개최하는 아트 갤러리와 시네마 빌딩도 있다.

WIGMORE HALL
위그모어 홀

본드 스트리트 역

36 WIGMORE ST, MARYLEBONE, W1U 2BP
Map ⋯ ②-B-2

클래식 음악을 사랑하는 이들에겐 영국에서, 어쩌면 전 세계에서 가장 소중한 실내악 음악 홀이라 할 수 있다. 런던의 중심가이자 쇼핑 스폿이 모여있는 옥스퍼드 서커스와 멀지 않은 곳에 이렇게 아늑한 홀이 자리한다는 사실이 놀라울 따름이다. 아름답고 고풍스러운 이 홀이 문을 연 것은 1901년 5월 31일. 당시 거장 피아니스트이자 작곡가인 페루치오 부조니와 바이올리니스트 외젠 이자이의 공연이 열렸다. 이후 20세기 세계 클래식 음악계에서 칭송 받는 위대한 연주자들이 이 무대에 섰고, 지금도 많은 연주자들이 위그모어 홀에서 연주했다는 사실을 중요한 경력으로 꼽을 만큼 권위 있는 홀이다. 김선욱, 조성진, 노부스 콰르텟, 임윤찬 등 현재 세계 무대에서 활약하고 있는 여러 한국인 연주자들도 이 무대에 섰다. 위그모어 홀은 연간 460여 회의 음악회를 개최하며, 젊은 음악가들을 발굴하거나 음악도들을 위한 마스터 클래스 등 교육 프로그램도 활발히 운영하고 있다.

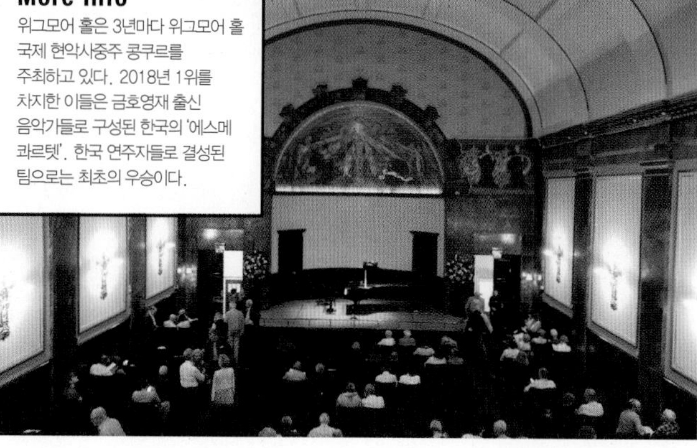

More Info
위그모어 홀은 3년마다 위그모어 홀 국제 현악사중주 콩쿠르를 주최하고 있다. 2018년 1위를 차지한 이들은 금호영재 출신 음악가들로 구성된 한국의 '에스메 콰르텟'. 한국 연주자들로 결성된 팀으로는 최초의 우승이다.

SOUTHBANK CENTRE
사우스뱅크 센터

워터루 역

BELVEDERE ROAD, SE1 8XX
Map ⋯ ④-A-3

1년 내내, 언제 들러도 문화생활을 즐길 수 있는 복합 문화공간이다. 1951년 영국 최대 규모의 문화 공간으로 문을 연 이곳은 런던의 공연애호가들이 가장 자주 방문하는 장소 중 하나. 2,500석을 갖춘 로열 페스티벌 홀은 오케스트라 공연이 자주 열리고, 2년간 리노베이션을 한 뒤 2018년 4월 재오픈한 퀸 엘리자베스 홀은 900석 규모로 실내악과 재즈, 무용 등을 공연하는 홀이다. 360석의 퍼셀 룸도 있다. 또 함께 자리한 헤이워드 갤러리는 현대미술계에서 빼놓을 수 없는 장소. 사우스뱅크 센터는 최고 수준의 문화 행사를 기획, 개최하면서도 '누구나 쉽게 접근할 수 있는 곳'을 지향하며 대중 참여를 이끌어내는 데도 많은 노력을 기울인다. 무료로 참여할 수 있는 이벤트나 어린이들을 위한 프로그램과 교육 프로그램을 마련해두고 문화 허브의 역할을 하는 데 앞장선다. 이곳의 위치 또한 매우 큰 강점이다. 템스 강변을 따라 산책하다가 쉽게 들어설 수 있는 장소이며, 이 건물의 리버사이드 테라스 카페나 루프 가든에서 강변 풍경을 감상하며 한가로운 시간을 즐기기 좋다. 해가 진 뒤 런던 아이와 템스 강변에 펼쳐진 야경을 감상하며 누리는 특별한 정취는 소중한 기억으로 남을 것이다.

런던 공연예술계 들여다보기

어떤 공연을 어떻게 예매하면 좋을까? 현재 런던에서 주목해야 할 공연 단체를 살펴보고 예매 팁을 소개한다.

런던 심포니 오케스트라의 공연이 열리는 바비칸 센터

런던 필하모닉 오케스트라의 공연이 열리는 로열 페스티벌 홀

사이먼 래틀이 지휘한 런던 심포니 오케스트라의 커튼콜

런던의 오케스트라들

런던에서 가장 높은 평가를 받는 오케스트라는 런던 심포니 오케스트라London Symphony Orchestra. 베를린 필하모닉 오케스트라의 상임지휘자로 활동해온 영국인 지휘자 사이먼 래틀이 2017년 가을부터 런던 심포니 오케스트라의 음악감독을 맡았다. 그는 2023/24 시즌까지 지휘한 뒤 이 악단의 명예지휘자로 남고, 이후 안토니오 파파노가 래틀의 뒤를 이어 상임지휘자로 활동한다. 런던을 여행하는 클래식 애호가라면 바비칸 센터의 바비칸 홀을 본거지로 활동하는 런던 심포니 오케스트라의 음악회는 놓치지 말아야 할 공연 중 하나다.

또 하나의 손꼽히는 런던 오케스트라인 런던 필하모닉 오케스트라London Philharmonic Orchestra는 2021/2022 시즌부터 에드워드 가드너가 수석지휘자로서 악단을 이끌고 있다. 그는 오페라와 관현악 지휘를 넘나들며 활약해온 지휘자다. 런던 필하모닉 오페스트라는 사우스뱅크 센터의 로열 페스티벌 홀을 상주 공연장으로 사용하고 있다.

필하모니아 오케스트라Philharmonia Orchestra도 로열 페스티벌 홀을 기반으로 연주한다. 창단 이후 음반 녹음을 활발히 해오고 있고, 현대음악에도 많은 노력을 기울이고 있는 악단이다. 2021년 가을, 핀란드 출신의 젊은 지휘자 산투 마티아스 루발리가 에사 페카 살로넨의 뒤를 이어 수석지휘자로 취임해 필하모니아 오케스트라를 지휘하고 있다. 또 로열 필하모닉 오케스트라Royal Philharmonic Orchestra는 주로 슬론 스퀘어 근처의 카도간 홀Cadogan Hall에서 공연하는 악단으로 로열 페스티벌 홀과 로열 알버트 홀 무대에도 종종 선다. 클래식에 머물지 않고 대중음악과 영화음악 녹음에도 적극적이다.

영국 방송사 BBC가 운영하는 BBC 심포니 오케스트라BBC Symphony Orchestra도 빼놓을 수 없다. 1930년 영국 최초의 방송교향악단으로 창단된 이 오케스트라는 세계 최대의 클래식 음악 축제인 BBC 프롬스에서도 주도적인 역할을 하고 있다. 2013년부터 지휘자 사카리 오라모가 이끌고 있으며 평소에는 바비칸 홀을 주무대로 연주한다.

발레단과 오페라단

영국을 대표하는 발레단인 로열 발레단The Royal Ballet은 1931년 설립 이후 세계적인 무용수들을 배출하며 명성을 얻은 단체다. 20세기의 가장 중요한 무용가로 꼽히는 프레더릭 애슈턴이 설립했으며 그는 로열 발레단에서 80여 편이 넘는 작품을 안무했다. 케네스 맥밀런이 무용수로 데뷔한 곳도 바로 로열 발레단이다. 이후 그는 로열 발레단의 예술감독이자 안무가로 활약했고, 지금도 수많은 발레단에서 케네스 맥밀런 버전을 공연할 만큼 걸작들을 남겼다. 현재 로열 발레단은 최정상 무용수들과 함께하고 있는데, 특히 발레팬들에게 인기 있는 무용수들이 캐스팅된 공연은 빨리 매진이 되니 그들의 무대를 보고 싶다면 서둘러 예매해야 한다.

로열 발레단과 함께 로열 오페라 하우스를 사용하고 있는 로열 오페라단The Royal Opera은 1946년 창단한 단체. 라파엘 쿠벨릭, 콜린 데이비스, 베르나르트 하이팅크 등 그동안 거장들이 로열 오페라단의 음악감독을 맡아왔다. 세계의 여러 오페라단 중에서도 신작 초연을 많이 하는 단체로 꼽히는데, 현재 한 시즌에 거의 절반이 신작일 정도로 새로운 오페라 작곡가를 알리고 관객들에게 새로운 작품을 소개하는 데 적극적이다. 〈라보엠〉, 〈리골레토〉, 〈토스카〉 등 익숙한 작품도 자주 공연하지만 만약 낯선 작품을 만날 기회가 된다면 마음을 열고 감상해 보길.

런던 콜리세움 극장에서 공연하는 잉글리시 내셔널 발레단English National Ballet 역시 영국의 메이저 단체다. 잉글리시 내셔널 발레단은 20세기의 위대한 영국 무용수로 꼽히는 알리샤 마르코바와 안톤 돌린이 1950년 설립했다. 전통을 존중하면서 혁신적인 레퍼토리를 선보인다는 평가다. 로열 발레단에서 최고의 프리마 발레리나로 명성을 누렸던 타마라 로조가 2012년 예술감독으로 취임해 10년간 활약했고, 2023년부터는 아론 왓킨이 발레단을 이끌고 있다. 잉글리시 내셔널 오페라단English National Opera도 런던 콜리세움에서 공연하는 단체로, 이들의 주요 레퍼토리 중 하나인 영국 작곡가 브리튼의 작품을 비롯해 유명 고전 작품을 공연하며 동시에 현대 작품과 협업 무대도 선보이고 있다.

로열 발레단의 〈마농〉 커튼콜

알아두면 유용한 몇 가지 정보들

1 공연 보기 좋은 시기는 언제일까?

런던의 주요 극장과 공연단체들은 모두 '시즌제'를 운영한다. 1년치 프로그램을 한꺼번에 공개하는데, 시즌의 시작은 9월이고 끝나는 것은 보통 이듬해 6월경이다. 매년 하반기에 다음해의 프로그램을 공개하는 한국과는 다른 방식. 여행 중 오케스트라나 발레단의 공연을 보고 싶다면 시즌 프로그램을 확인하면 되고, 여름에 여행할 경우엔 BBC 프롬스 같은 페스티벌을 관람하기 좋다.

2 좋은 좌석은 어디?

'듣는 것'이 중요한 음악회와 '보는 것'이 중요한 발레는 좌석 선택의 기준이 다르다. 로열 페스티벌 홀의 경우 'Front Stalls'의 너무 앞쪽 좌석은 음향이 좋지 않으니 피하는 것이 좋고 사이드 좌석은 가격대비 좋지만 무대 전체가 보이진 않는다. 그에 비해 넓게 퍼져있는 형태의 바비칸 홀은 시야 확보가 괜찮은 편인데 음향을 따진다면 오케스트라를 마주하는 가운데 좌석과 앞쪽을 선택하는 것이 좋다. 위그모어 홀은 2층 첫 번째 열의 음향이 아주 훌륭하다. 하지만 1층 가운데 좌석과 비슷한 가격. '보는 것'이 더욱 중요한 발레 공연은 시야 확보를 가장 우선적으로 고려해야 한다. 로열 오페라 하우스는 홈페이지 예매 시 각 좌석마다 어떤 뷰가 가능한지 보여주니 사진으로 미리 확인하고 선택할 수 있다. 오페라 글라스가 있다면 가장 높은 층이지만 가격은 저렴한 'amphitheatre'의 가운데 좌석을 선택하는 것도 괜찮다.

3 예산은 얼마가 적당할까?

런던의 물가가 비싸지만 공연 관람 비용은 그리 비싸지 않다. 해외 오케스트라가 내한했을 때의 가격과 비교하면 현지에서 관람하는 것은 오히려 꽤 저렴한 편이다. 오케스트라 공연은 보통 £10-65 가격대이고 특별히 티켓 가격이 높은 공연이라 해도 가장 저렴한 좌석이 £20부터 시작하니 한국에서 관람하는 것의 절반 가격인 셈. 위그모어 홀에서 실내악 공연을 본다면 가장 비싼 좌석이 £50이며, 오페라는 상대적으로 가격이 높아 £11-230 정도다. 클래식 공연은 뮤지컬과 달리 로터리 같은 할인 티켓을 찾기 힘드니 사전 예매를 하는 것이 좋다. 온라인 예매 시 약간의 수수료가 부과된다.

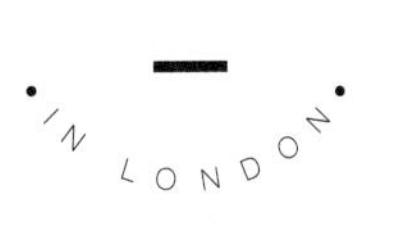

웨스트 엔드 NOW!

런던의 문화생활 중 여행자들에게 빠지지 않는 것이 뮤지컬 관람이다. 웨스트 엔드의 수준 높은 프로덕션이라면 눈과 귀가 충분히 즐겁다.

'웨스트 엔드'는 피카딜리 서커스를 중심으로 상업, 문화 시설이 모여있는 지역이다. 사실 런던에서 웨스트 지역이라면 흔히 켄싱턴과 첼시 지역을 가리키며, 피카딜리 서커스는 엄밀히 말해 서쪽 지역이라 할 수 없고 오히려 중심가에 속한다. 이 명칭은 19세기에 차링 크로스를 중심으로 상류 사회가 형성된 서쪽 지역을 지칭하며 붙여진 이름이었다. 그러나 이제 웨스트 엔드는 지명을 넘어서 런던에서 공연하는 뮤지컬 작품들을 연상시키는 단어가 됐다. 대작 뮤지컬이 이곳에서 처음 탄생해 뉴욕 브로드웨이로 진출하기도 했고, 수십 년 전 시작해 지금까지 같은 자리에서 관객들에게 커다란 감동을 선사하는 장수 작품도 있다. 런던을 여행한다면 한번쯤 경험해볼 만한 웨스트 엔드 뮤지컬, 현재 어느 작품이 인기일까?

2

3

1 THE PHANTOM OF THE OPERA
오페라의 유령

Her Majesty's Theatre | 여왕 폐하의 극장

차링 크로스 역 · 피카딜리 서커스 역

HAYMARKET, ST. JAMES'S, SW1Y 4QL
월-토 19:30, 수·토 14:30 Map ··· ②-D-4

웨스트 엔드에서 가장 유명한 작품 중 하나인 〈오페라의 유령〉은 영국의 뮤지컬 제작자 앤드류 로이드 웨버의 대표작으로 꼽힌다. 1986년 여왕 폐하의 극장에서 초연한 작품. 지금도 바로 이 극장에서 관람할 수 있는데, 30년이 넘는 동안 전 세계에서 15개 이상의 언어로 공연했고 1억 4천만 명 이상이 관람했다는 엄청난 기록이 있다. 거대한 샹들리에가 떨어지는 놀라운 연출을 직접 확인할 수 있을 것.

2 LES MISÉRABLES
레미제라블

Sondheim Theatre | 손드하임 극장

피카딜리 서커스 역

51 SHAFTESBURY AVE, SOHO, W1D 6BA
월-토 19:30, 수·토 14:30 Map ··· ②-D-3

또 하나의 롱런 뮤지컬은 카메론 맥킨토시가 제작한 〈레미제라블〉이다. 1985년 런던 바비칸 극장에서 초연했고, 2년 뒤 브로드웨이로 진출했으며 지금까지 51개국에서 22개의 언어로 공연한 작품. 런던에서 최장수 뮤지컬로 꼽히며, 현재의 공연장에서는 2004년부터 공연하고 있다. 웅장한 연출과 함께 'I Dreamed A Dream', 'One Day More' 등 유명한 뮤지컬 넘버들을 감상하는 것은 잊지 못할 경험이 될 것이다.

3 LION KING
라이언 킹

Lyceum Theatre | 라이시엄 극장

코벤트 가든 역

21 WELLINGTON ST, WC2E 7RQ
화-토 19:30, 수·토·일 14:30 Map ··· ②-E-3

디즈니 애니메이션을 뮤지컬 공연으로 재탄생시킨 〈라이언 킹〉은 1997년 브로드웨이에서 초연해 큰 성공을 거둔 뒤 1999년 웨스트 엔드에서 공연하기 시작했다. 처음부터 라이시엄 극장에 자리잡고 20여 년 동안 흥행 중. 아프리카의 장관을 재현한 무대 연출과 동물 분장을 한 배우들이 화려한 볼거리를 제공하며, 타악기가 들려주는 강렬한 리듬은 극의 분위기를 더한다. 누구나 쉽게 즐길 수 있는 공연이다.

4 MAMMA MIA!
맘마미아!

Novello Theatre | 노벨로 극장

코벤트 가든 역

ALDWYCH, WC2B 4LD

수-월 19:30, 목·토 15:30 Map ⋯ ②-F-3

1999년 웨스트 엔드에서 초연한 〈맘마미아!〉는 그룹 아바의 히트곡 22곡을 기반으로 만든 뮤지컬. 그리스의 한 섬을 배경으로 엄마와 함께 사는 딸이 결혼을 앞두고 겪는 일을 그렸다. 'Dancing Queen', 'Thank You for the Music', 'Money, Money, Money' 등 1970년대와 1980년대 초 히트했던 명곡들 덕분에 세대를 아우르는 뮤지컬로 꼽힌다. 세계적 흥행에도 성공해 〈레미제라블〉과 〈오페라의 유령〉의 뒤를 잇는 성공작으로 평가 받는다.

5 TINA
티나

Aldwych Theatre | 알드위치 극장

코벤트 가든 역

49 ALDWYCH, WC2B 4DF

화 19:00, 수-토 19:30, 목·토 14:30

Map ⋯ ②-F-3

2018년 봄 초연한 뒤 화제가 되고 있는 이 작품은 가수 티나 터너Tina Turner가 시골 교회 성가대에서 노래하기 시작해 세계적인 로큰롤의 여왕으로 성공하기까지의 인생 여정을 그린 작품. 그녀의 노래 23곡을 사용한 압도적인 쥬크박스 뮤지컬이다. 영화 〈철의 여인〉을 연출한 여성 감독인 필리다 로이드가 제작을 맡았다.

6 MATILDA
마틸다

Cambridge Theatre | 케임브리지 극장

코벤트 가든 역

EARLHAM ST, WC2H 9HU

화-금 19:00, 수 14:00, 토 14:30, 19:30, 일 15:00

Map ⋯ ②-E-3

영국 작가 로알드 달이 쓴 아동 소설 〈마틸다〉를 런던의 로열 셰익스피어 컴퍼니가 뮤지컬로 제작했다. 2010년 영국에서 초연한 뒤 2013년 브로드웨이에 진출했고, 2018년에는 아시아권 최초로 한국에서 라이선스 뮤지컬로 제작해 공연하기도 했다. 긴박하고 흥미로운 전개와 아역 배우들의 뛰어난 연기 등 볼거리가 많은 작품이다.

4

© BRINKHOFF & MOGENBURG

5

6

뮤지컬 티켓 예매와 관람 Tip

- **사전 예매** 웨스트 엔드 뮤지컬들은 6개월 이상 먼저 티켓 예매를 오픈한다. 일찍 예매할수록 당연히 좌석 선택의 폭은 넓다. 또 각 뮤지컬의 홈페이지 외에도 'LONDON THEATRE DIRECT(WWW.LTDTICKETS.COM/MUSICALS)'와 'TICKETMASTER(WWW.TICKETMASTER.CO.UK)'는 다양한 뮤지컬 정보와 가격을 한곳에서 확인할 수 있어 유용한 사이트다.

- **당일 예매** 현장에서도 티켓을 구입할 수 있는 방법이 다양하다. 레스터 스퀘어에 자리한 'TKTS' 부스에서는 당일과 다음날의 남은 티켓을 판매한다. 각 공연장에서는 일정 분량의 티켓을 남겨두고 '데이 시트DAY SEAT'를 판매하는데 보통은 가격대비 좋은 좌석들이다. 하지만 인기 공연일 경우 아침 일찍부터 줄을 서는 사람이 많아 경쟁이 치열하고, 공연에 따라 평일 낮 공연인 '마티네'에만 한정하기도 하니 여행 일정이 짧을 경우엔 안전한 방법이 아니다. 완전히 매진된 공연의 취소표가 있다면 당일 공연 시작 한두 시간 전에 매표소에서 판매한다.

- **로터리** 티켓 가격은 좌석에 따라 £20-180 선인데 온라인으로 로터리LOTTERY에 응모해 당첨될 경우 가장 저렴한 가격에 좋은 좌석을 구입할 수 있다. 롱런 중인 인기 공연에는 해당되지 않고, 주로 신작들이 로터리를 활발히 운영한다. 홈페이지에서 확인하고 응모해볼 것.

THEATRE

IN LONDON

영국 연극의 힘

런던에서 누릴 수 있는 또 하나의
훌륭한 문화생활이라면 연극 관람이 될 것.
뛰어난 프로덕션과 제작진, 배우들,
극장시설 등 모든 요소를 다 갖춘 곳에서
좋은 작품이 나오는 건 당연하다.
알던 유명 영화배우를 연극 무대에서 직접
보는 것도 이곳에선 흔한 일.

© BRINKHOFF MÖGENBURG

NATIONAL THEATRE
내셔널 시어터

워터루 역

UPPER GROUND, SOUTH BANK, SE1 9PX
Map ··· ④-A-3

서울의 국립극장에서 'NT Live'를 관람한 적이 있는 관객에겐 친숙한 무대다. 베네딕트 컴버배치가 연기한 〈프랑켄슈타인〉을 비롯해 국립극장에서 상영한 여러 작품이 매진을 기록했는데, 그 작품들은 본래 런던의 내셔널 시어터에서 올려진 연극이다. 내셔널 시어터는 총 3개 극장과 레스토랑, 바, 서점을 갖춘 건물. 매년 20편 이상의 작품을 무대에 올리며, 잘 알려진 고전 작품을 현대적으로 재해석하거나 신작 연극과 뮤지컬 등을 통해 젊은 관객들에게도 적극적으로 다가가고 있다.

이곳에는 예전 방식대로 무대 앞에 펼쳐진 마당에 서서 보는 '야드YARD' 석이 있는데 체력이 된다면 £5부터 시작하는 입석표를 구입해보자.

SHAKESPEARE'S GLOBE
셰익스피어 글로브 극장

런던 브리지 역

버스 344, 381, RV1

21 NEW GLOBE WALK, LONDON SE1 9DT
Map ··· ④-B-3

셰익스피어가 활동하던 당시의 극장은 어땠을까? 17세기의 원형극장을 재현한 셰익스피어 글로브 극장은 하늘 아래서 공연하는 야외극장이다. 본래 셰익스피어가 창작 활동을 하던 1599년 당시 첫 개관했으나 1613년 불에 타버렸고, 1642년 재건했으나 30여 년 뒤 청교도 혁명으로 문을 닫았다. 1997년 문을 연 현재의 극장은 예전 모습을 그대로 되살려 지은 것. 셰익스피어의 명작들을 감상할 수 있다.

OLD VIC THEATRE
올드빅

워터루 역

THE CUT, SOUTH BANK, SE1 8NB
Map ··· ④-A-3

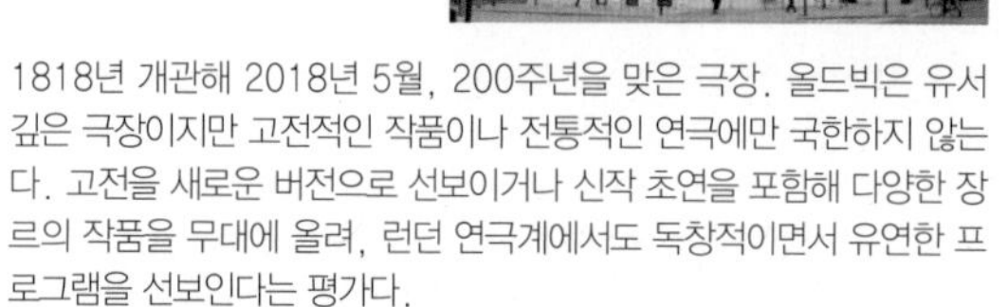

1818년 개관해 2018년 5월, 200주년을 맞은 극장. 올드빅은 유서 깊은 극장이지만 고전적인 작품이나 전통적인 연극에만 국한하지 않는다. 고전을 새로운 버전으로 선보이거나 신작 초연을 포함해 다양한 장르의 작품을 무대에 올려, 런던 연극계에서도 독창적이면서 유연한 프로그램을 선보인다는 평가다.

YOUNG VIC THEATRE
영빅

워터루 역

66 THE CUT, WATERLOO, SE1 8LZ
Map ··· ④-B-3

올드빅에서 파생된 공간으로, 올드빅을 이끌던 로렌스 올리비에 경이 보다 젊고 실험적인 극을 만들기 위한 공간으로 오픈했다. 이런 전통이 이어져 현재 젊은 연출가 육성 프로그램을 활발히 운영하며, 새롭고 신선한 작품을 만날 수 있는 극장으로 꼽힌다. 무대 구조는 자유로운 연출이 가능하고 어느 좌석이든 시야방해가 적어 좋은 평을 얻고 있다.

런던을 기반으로 활동하는 영화배우 데이지 무어는 2016년 부산국제영화제에 소개된 영화 〈불가사리STARFISH〉와 BBC 드라마 〈폴다크POLDARK〉에 출연하며 알려지기 시작했다. 2015년 단편영화 〈리츄얼RITUALS〉을 연출하며 감독으로 데뷔했고, 이 작품으로 런던 단편영화제에서 최고 여성감독상 후보에 오르기도 했다. 점차 활동영역을 넓혀가는 배우로서의 삶과 런더너로서의 일상에 대해 이야기 나누었다.

영국 중부의 노팅엄 출신이죠. 런던에서는 언제부터 활동했나요?

2012년에 런던으로 와서 살기 시작했어요. 그동안 런던 곳곳에서 거주해봤는데 지금은 이스트 런던에 살고 있죠. 노팅엄에도 좋은 추억이 있지만 이젠 여길 떠나 돌아가는 걸 상상할 수가 없네요!

배우로서 런던에 산다는 것은 어떤 점에서 가장 좋나요?

많은 기회가 열려있다는 점이에요. 오디션 기회나 소속사를 만날 기회가 많고 영화계에서 활동하기에 좋은 환경이죠. 제 커리어에 영향을 주고 받을 수 있는 이들과 쉽게 만나고 접촉할 수 있다는 점이 가장 좋아요. 심지어 펍에서 마주치기 하죠.

런던을 흔히 '세계 문화 수도'라고 표현하곤 하는데, 런던에 살면서 이 표현에 대해 어떻게 느끼는지 궁금해요.

네, 꼭 맞는 표현이라고 생각해요. 분명히 영국은 문화예술 분야가 강한 곳이고, 특히 런던은 도시 곳곳을 걸어다니는 것만으로도 그 분위기를 느낄 수 있어요.

런던에선 연중 수많은 문화행사가 열리는데, 가장 기대하는 건 어떤 행사인가요?

주로 영화제들이에요. 제가 좋아하는 선댄스 영화제가 런던에서도 열립니다. BFI 런던 국제 영화제 역시 기다리는 행사죠. 아, 그리고 런던 동아시아 영화제London East Asian Film Festival가 있어요! 동아시아 지역의 다양하고 뛰어난 작품들을 감상할 수 있고, 참석하는 게스트들도 훌륭합니다.

BFI(British Film Institute)는 당신에게도 매우 각별한 기관일 것 같아요.

맞아요. BFI 네트워크를 통해서 제 첫 번째 작품이 알려졌고, 더 많은 사람들을 만날 기회가 찾아왔어요. 또 사우스뱅크에 있는 BFI 건물은 영화제의 애프터 파티 장소이자 극장일 뿐만 아니라, 영화계의 중요한 자료관이기도 합니다. 저는 〈디스 이즈 잉글랜드〉의 감독인 셰인 메도우스의 첫 번째 단편영화를 이곳에서 발견할 수 있었어요. 온라인을 포함해 그 어디에서도 찾아볼 수 없었던 작품이었죠.

런던에선 영화 외에도 좋은 공연을 감상할 기회도 많죠. 인상적으로 기억에 남은 작품이 있다면 무엇인지 궁금해요.

밥 딜런의 노래로 만든 음악극 〈Girl From The North Country〉가 정말 감동적이었어요. 2017년 여름 올드빅 극장에서 초연했는데, 성공을 거둔 뒤 웨스트 엔드로 옮겨 2018년 봄까지 공연한 작품입니다. 무대 위에서 밴드가 그의 곡을 연주했고, 프로덕션도 아주 훌륭했죠.

지금은 막을 내린 공연이라, 관람할 수 없다는 점이 조금 아쉽네요.

그 대신 가볼 만한 다른 곳들이 있어요. 영화와 공연에 관심이 많은 여행자들이 런던을 방문한다면 시크릿 시네마와 프린스 찰스 시네마 두 곳의 일정을 확인해보세요. 시크릿 시네마는 〈물랭 루즈〉, 〈스타워즈〉 같은 유명한 작품을 인터랙티브 공연과 접목해 상영하는 '라이브 시네마'이고, 프린스 찰스 시네마는 다양한 영화 관련 이벤트가 열리는 곳입니다.

한국인 여행자들에게 영화관과 공연장 이외의 장소를 추천해준다면 어디를 권하고 싶나요?

저는 중심가는 별로 추천하고 싶지 않아요. 제가 가장 좋아하는 지역은 이스트 엔드인데 낡고 오래된 건물과 새로운 건물이 공존하는 풍경이 흥미롭죠. 이 지역에서 햇살 좋은 날 빅토리아 파크를 여유롭게 산책해보길 권하고 싶습니다. 또 달스턴 이스턴 커브 가든은 저녁 시간에 술 한잔 하기 좋아요. 노스 웨스트 지역에서는 햄스테드 히스를 산책하는 것과 프림로즈 힐, 노팅 힐의 포토벨로 로드를 걸어보면 좋겠어요. 그리고 사우스 지역에서는 주차장 건물을 개조한 페컴 레벨스가 가볼 만한 곳이죠.

추천 장소들을 보니 런던 곳곳에 대한 애정이 묻어납니다.

여행을 많이 다니지만, 런던으로 돌아올 때마다 다시 사랑에 빠지는 느낌이에요. 다양성이 넘치는 이곳의 모습을 보면 제가 사는 도시임에도 마치 여행자가 된 것 같은 기분이 들죠.

마지막으로 작품에 대한 질문을 드리고 싶어요. 어떤 작품을 통해서 만날 수 있을까요?

현재 새로운 단편영화를 만들고 있어요. 그리고 드라마 〈폴다크〉에 출연하고, ITV 드라마 〈클린 브레이크Clean Break〉에도 출연합니다.

> "런던의 가장 큰 매력은 바로 '사람'이에요"

Tripful

EAT UP

런던을 '미식 천국'이라 한다면 동의할 이가 많지 않을지도 모르겠다. 하지만 이곳은 스타 셰프들의 격전지이자 세계 각국의 트렌디한 퀴진을 맛볼 수 있는 도시. 그 다양한 맛과 멋을 경험해보고 나면 런던이야말로 가장 흥미진진한 미식 여행지임을 인정하게 될 것이다.

BENUGO
DELIVERS
ICHES. SALAD

차는 영국인들의 정서와 깊이 연결된 음료다. 훌륭한 티 컬렉션을 갖춘 티룸에서 향기로운 차 한잔을 마시며 영국의 차 문화를 경험해보는 것도 소중한 시간이다. 어쩌면 여행 중 최고의 힐링 타임이 될지도.

애프터눈 티

점심과 저녁 사이, 차 한잔을 마시며 여유를 즐기는 시간. '애프터눈 티'는 영국 상류층이 오후에 티타임을 가지던 것에서 출발했다. 19세기에 하나의 사교 문화였던 애프터눈 티는 영국 차 문화의 중요한 부분으로 자리 잡았고 이제 여러 호텔 레스토랑과 티룸에서 경험해볼 수 있다. 전통적인 스타일의 애프터눈 티는 3단 트레이에 나오는 것이 기본. 가장 아래에 샌드위치, 중간에는 스콘과 클로티드 크림, 잼, 그리고 가장 위에는 마카롱이나 달콤한 케이크 종류가 놓이는 것이 보통이다. £10-20를 추가할 경우 샴페인과 함께 서브되며, 캐주얼한 레스토랑이나 카페에서는 샴페인 대신 프로세코 같은 스파클링 와인을 제공하기도 한다. 호텔의 경우 드레스 코드가 엄격한 편이다.

SKETCH
스케치

옥스포드 서커스 역

9 CONDUIT ST, MAYFAIR, W1S 2XG
일-수 9:00-00:00, 목-토 9:00-2:00
클래식 애프터눈 티 £80 Map ··· ②-C-3

호텔은 아니지만 고급스럽고 이색적인 공간에서 애프터눈 티를 즐기고 싶다면 이곳에 방문해보자. 스케치는 음식과 티, 음료, 그리고 아트가 결합한 스타일리시한 복합공간. 레스토랑이자 카페이며 바이기도 한데 공간마다 인테리어가 뚜렷하게 다른 콘셉트다. 영국 아티스트 데이비드 슈리글리와 협업한 더 갤러리The Gallery 공간이 화제를 모으며 스케치의 상징으로 사랑받았고, 이후 런던의 나이지리아 예술가 잉카 쇼니바레와 건축가 인디아 마다비가 새로운 공간 디자인을 선보였다.

THE PORTRAIT RESTAURANT
더 포트레이트 레스토랑

차링 크로스 역

ST MARTIN'S PLACE, WC2H 0HE
월-일 15:30-6:30(애프터눈 티)
Map ⋯ ②-E-3

초상화 전문 갤러리인 내셔널 포트레이트 갤러리에 자리한 유명한 레스토랑이다. 트라팔가 스퀘어에 위치하고 전망이 좋기로 유명하기 때문에 현지인과 관광객들이 모두 많이 찾는 곳이다. 내셔널 포트레이트 갤러리가 2020년부터 3년간 대대적인 보수 공사를 거치며 문을 닫았는데, 2023년 6월 갤러리가 다시 문을 열며 레스토랑도 새롭게 오픈했다. 리처드 코리건 Richard Corrigan 셰프가 새로운 포트레이트 레스토랑을 이끌고 있다. 전망이 뛰어난 곳에서 호텔보다 저렴한 가격에 애프터눈 티를 즐기고 싶다면 추천할 만한 곳이다.

CLARIDGE'S
클라리지스

본드 스트리트 역

BROOK STREET, MAYFAIR, W1K 4HR
월-일 14:45-17:30 트래디셔널 애프터눈 티 £90, 샴페인 애프터눈 티 £100-115
Map ⋯ ②-B-3

클라리지스는 정통 애프터눈 티를 즐길 수 있는 특급 호텔. 영국 신문 텔레그래프 선정 '런던의 베스트 애프터눈 티 Top 10'에 오른 것을 비롯해 수상 경력도 화려하다. 호텔 내의 '포이어 앤 리딩 룸'에서 제공되며 홈페이지에서 사전 예약을 해야 한다.

OSCAR WILDE BAR
오스카 와일드 바

피카딜리 서커스 역

68 REGENT ST, SOHO, W1B 4DY
월-일 12:00-17:30
트래디셔널 애프터눈 티 £75
Map ⋯ ②-D-3

호텔 카페 로열에 자리한 오스카 와일드 바의 애프터눈 티는 2017년 애프터눈 티 어워드에서 '베스트 트래디셔널 애프터눈 티'에 올랐다. 이곳은 문화예술계 유명인사들로부터 사랑받던 장소로 특히 소설가 오스카 와일드가 즐겨 찾아 그의 이름을 붙였다.

THE RITZ
리츠

그린 파크 역

150 PICCADILLY, ST. JAMES'S, W1J 9BR
월-일 11:30-19:30 (두 시간 단위로 예약 가능)
애프터눈 티 £75
Map ⋯ ②-C-4

리츠 호텔 역시 클라리지스와 함께 정통 애프터눈 티로 유명한 곳. 화려하고 격조 있는 분위기의 '팜 코트'에서 애프터눈 티를 제공한다. 18가지의 티 중에서 선택할 수 있으며 티 소믈리에 자격증을 가진 직원이 상주해 전문적인 서비스를 한다.

POSTCARD TEAS
포스트카드 티

본드 스트리트 역

9 DERING ST, MAYFAIR, W1S 1AG
월-토 12:00-18:30
Map → ②-C-2

20여 년 전, 런던에서 소규모 차 생산자들의 차에 원산지 정보를 명시해 독점적으로 판매하기 시작한 최초의 차 브랜드. 특히 아시아 지역 차에 대한 전문성이 뛰어나며 BBC, NHK 등과 차에 관한 다큐멘터리 작업도 했다. 한 가지 재미있는 점은 이곳에서 찻잎이 든 봉투를 구입하고 엽서를 쓰면 전 세계 어디로든 '티 포스트카드'를 보내준다는 것. 차를 시음하고 엽서도 쓰면서 작은 추억을 남겨보자.

FORTNUM & MASON
포트넘 앤 메이슨

그린 파크 역, 피카딜리 서커스 역

181 PICCADILLY, ST. JAMES'S, W1A 1ER
월-토 10:00-20:00, 일 11:30-18:00
애프터눈 티 £78
Map → ②-C-4

1707년 설립된 포트넘 앤 메이슨은 식료품 가게에서 시작해 지금은 영국의 대표적인 티 브랜드 중 하나가 됐다. 오랜 시간 왕실에도 제품을 납품해오고 있다. 피카딜리에 자리한 본점은 와인, 베이커리, 잼 등 각종 식료품을 비롯해 티웨어와 주방용품, 인테리어 소품까지 판매하는 백화점 규모의 매장. 4층에 자리한 살롱에서는 애프터눈 티를 즐길 수 있다.

MARIAGE FRÈRES
마리아쥬 프레르

코벤트 가든 역

38 KING ST, COVENT GARDEN, WC2E 8JS
월-일 10:30-19:30
Map → ②-E-3

프랑스의 유명한 홍차 브랜드인 마리아쥬 프레르가 2018년 가을 마침내 런던에도 단독 매장을 오픈했다. 영국에서 처음 문을 연 마리아쥬 프레르의 티 살롱으로, 본거지인 파리의 매장보다 규모가 크다. 5층 건물에 1천 여 가지의 티가 마련된 숍, 티와 함께 다양한 음식을 즐길 수 있는 다이닝 공간, 전 세계의 차 관련 용품을 모은 전시 공간, 프라이빗 룸 등을 갖췄다.

MY CUP OF TEA
마이 컵 오브 티

피카딜리 서커스 역

5 DENMAN PL, SOHO, W1D 7AH
월-토 11:00-18:00
Map → ②-D-3

전 세계 티를 선정해 블렌딩하는 티 전문점. 재배자들로부터 공급받은 차 본연의 향과 컬러, 텍스처를 분석하고 블렌딩한 티를 만날 수 있는데, 가는 실로 짜인 티백은 개성 있으면서도 전통적인 이미지를 간직하고 있다. 차를 무게 단위로도 판매하며 정기적으로 시음행사와 워크숍을 진행한다.

TWININGS
트와이닝스

템플 역

216 STRAND, LONDON WC2R 1AP
월-일 11:00-18:00 Map → ②-F-3

영국에서 가장 오랜 역사를 가진 티 브랜드로 10대째 가족 경영을 하고 있다. 1706년 처음 문을 연 티룸이 현재 같은 자리에 남아있으니 꼭 한번 들러보자. 다양한 티를 판매할 뿐만 아니라 안쪽에는 트와이닝스의 역사 박물관과도 같은 작은 뮤지엄 공간을 갖추고 있다. 다른 티숍과 달리 클래식한 분위기를 간직한 곳이다.

JANE PETTIGREW

티 마스터
제인 페티그루와의 만남

"런던은 전통적인 티 문화와 변화하는 티 문화, 모두를 경험할 수 있는 곳이죠"

차 문화로 유명한 나라인 만큼 영국에는 권위 있는 차 교육 기관이 있다. 런던의 UK 티 아카데미는 영국에서 공식적으로 티 전문가 과정을 운영하고 자격증을 발급하는 유일한 기관. 현재 런던에서 티숍을 운영하거나 티룸에서 근무하는 많은 이들이 이 아카데미 출신이다. 이곳의 디렉터인 제인 페티그루는 30년 이상 차 분야에서 일해왔고 2014년에는 '월드 티 어워드'로부터 최고 교육자로 선정되기도 했다. 그녀와 차 문화에 대한 이야기를 나누고 그녀가 추천하는 런던의 티 플레이스에 대해 들어보았다.

UK 티 아카데미에서는 영국 티뿐만 아니라 전 세계 티에 대해 가르칩니다. 영국으로 한정하지 않고 세계 각국의 티에 대해 깊이 있게 다루는 커리큘럼이 인상적이에요.

차를 마시는 모든 국가는 그것을 재배하고 마시는 고유의 방식을 가지고 있죠. 특히 아시아는 영국이나 서유럽보다 특색이 강한 티 문화가 있어요. 각국의 티를 시음하면서 역사와 티 문화를 함께 가르칩니다.

영국과 다른 나라가 가진 차 문화의 차이점은 무엇인가요? 평범한 영국인들이 즐기는 차 문화는 어떤 모습인지 궁금합니다.

영국인에게 차는 매우 일상적으로 마시는 음료예요. 고급차만 마시는 건 아닙니다. 주로 홍차를 마시고 많은 사람들이 우유나 설탕을 추가해 즐기죠. 과거 영국으로부터 영향을 받은 캐나다, 호주, 뉴질랜드 같은 나라도 비슷한 방식으로 차를 즐기는 문화가 있어요. 우리에게 차는 역사의 일부이자, 사회생활의 일부이기도 합니다.

시간이 흐르면서 전통적인 차 문화도 변화했을 텐데, 어떤 점에서 그런가요?

과거의 차 문화는 많이 사라진 것 같아요. 잎차를 내리는 것보다 저렴한 티백을 더 많이 마시니까요. 이제는 찻잔이 아닌 머그잔에 캐주얼하게 즐기기도 한다는 점에서 차를 즐기는 문화도 변하고 있다는 걸 알 수 있어요. 그리 우아하지 않지만, 일상에는 적합하죠. 요즘 많은 사람들이 차에 관해 새로운 관심을 보이고 있는데 그 방식이 예전과는 다르다고 생각합니다. 애프터눈 티는 여전히 매우 인기가 있지만 집보다는 호텔과 레스토랑에서 즐기죠. 아이스 티에 대한 관심도 높은데 런던에서는 젊은층 사이에서 버블티가 인기이고 라테나 프라페 형태로 만든 말차도 많이 마십니다.

많은 여행자들이 관심을 가지는 것은 역시 애프터눈 티일 겁니다. 영국에서 한번쯤 즐겨보려고 하죠. 그들에게 팁을 준다면 어떤 것일까요?

우선 영국의 애프터눈 티에 관한 정보를 제공하는 '브리티시 애프터눈 티 가이드(afternoontea.co.uk)'의 웹사이트를 확인해보길 권합니다. 가볼 만한 곳들이 많고 샴페인 한잔과 함께 하는 애프터눈 티의 가격대가 £25-70로 다양합니다. 만약 호텔에서 애프터눈 티를 즐긴다면 꼭 사전 예약을 해야 하고, 옷을 스마트하게 입는 것도 중요해요.

런던을 여행하는 한국 독자들이 가볼 만한 장소도 추천 부탁드립니다.

영국 전역의 많은 호텔에서 훌륭한 애프터눈 티를 경험할 수 있는데 클라리지스Claridge's, 랭함The Langham, 사보이The Savoy, 그리고 카페 로열의 오스카 와일드 바Oscar Wilde Bar도 좋습니다. 티룸으로는 굳 앤 프로펄 티Good & Proper Tea, 일식당이자 말차 바인 톰보 카페Tombo Café가 가볼 만하고 뮤지엄 중에서는 빅토리아 앤 알버트 뮤지엄의 카페를 추천합니다. 티숍으로는 해로즈Harrods 백화점의 푸드 홀, 포트넘 앤 메이슨Fortnum & Mason, 포스트카드 티Postcard Teas, 마이 컵 오프 티My Cup of Tea, 트와이닝스Twinings, 그리고 런던 곳곳에 지점이 있는 티투T2 매장도 가보길 권합니다.

UK 티 아카데미에는 세계 각국에서 모여든 학생들이 많죠. 역시 다문화 도시인 런던에서 볼 수 있는 모습이란 생각이 듭니다.

저는 지금까지 인생의 거의 대부분을 이 도시에서 살았는데, 바로 그런 면에서 런던이 세계에서 가장 역동적인 도시라고 느낍니다. 다양한 인종이 살고 매우 많은 언어가 사용되며, 다른 이웃에 대해 우호적이고 관용적인 분위기가 있죠. 그리고 항상 새롭고 재미있는 것들이 많은데 그 중 많은 부분이 무료이거나 적은 비용으로 즐길 수 있다는 점에서 민주적이고 이용자들을 배려하는 도시라고 생각합니다. 런던의 감탄스러운 면이에요.

차에 관한 책을 16권이나 집필하셨어요. 차라는 한 가지 분야에서 그 정도로 무궁무진한 이야기가 나올 수 있다는 것도 대단하다는 생각이 듭니다. 지금까지 30년 넘게 이 분야에 몸 담으면서 차의 가장 매력적인 점은 무엇이라 생각하나요?

차는 수천 가지의 다른 맛과 아로마를 선사하고 모든 사람들의 취향을 만족시킬 만큼 다양하죠. 흥미로운 역사가 있다는 점과 음악, 문학, 가구, 앤티크 등 삶의 여러 분야와 연결된다는 것도 재미있어요. 그리고 무엇보다 중요한 건 우리의 마음을 가다듬게 해준다는 겁니다. 향기로운 차를 마시는 동안 우리는 편안해지죠.

EAT UP
01

CAFÉ

쇼디치 그라인드

런던의 손꼽히는 카페들

커피로 유명한 런던의 카페들은 식사가 가능한 곳도 많다. 부담 없는 가격에 훌륭한 커피와 음식으로 여행지에서의 여유를 즐겨보자.

전통적으로 영국은 커피보다는 차 문화가 발달한 나라. 하지만 현재 런던은 커피 애호가들에게 더없이 만족스러운 도시라 해도 좋을 만큼 뛰어난 커피 맛을 자랑하는 카페들이 많이 생겨났다. 런던이 세계 커피 시장에서 중요한 위치를 차지하기 시작한 것은 2000년대 중후반부터다. 그리고 2011년에는 런던커피페스티벌이 출범하며 커피 비즈니스에 활기를 더했다. 물론 다양한 프랜차이즈 커피숍이 있지만 보다 주목할 곳은 커피 맛으로 승부하는 독립 커피숍들과 로스터리 카페들. 세심하게 선별한 커피와 식재료에 대한 자부심이 높고, 각자의 철학과 고유한 분위기를 간직하고 있다. 맛으로 소문난 카페를 찾아가 우유를 베이스로 한 진한 커피인 플랫화이트를 마셔보고, 각 카페와 베이커리에서 자랑하는 음식과 그곳을 대표하는 시그니처 페이스트리를 맛보는 것은 런던 여행의 빼놓을 수 없는 즐거움이다.

KAFFEINE
카페인

옥스포드 서커스 역
66 Great Titchfield St, Fitzrovia, W1W 7QJ
월-금 7:30-17:00, 토 8:30-17:00, 일 9:00-17:00
롱블랙 £3.3, 브런치 메뉴 £8-13
Map ⋯→ ②-C-2

런던 중심가에 자리한 호주식 카페. 2009년 오픈 직후부터 커피 맛이 좋기로 소문이 나기 시작했고 이듬해 유럽의 '베스트 인디펜던트 카페'에서 금상을 수상했다. 이후로도 런던에서 최고의 카페를 선정할 때마다 이름이 오르는 곳. 작지만 아늑하고 따스한 분위기이며, 재료에 따라 매주 새롭게 바뀌는 아침과 점심 메뉴가 푸짐해 식사를 하기에도 좋다.

WORKSHOP COFFEE
워크숍 커피

본드 스트리트 역
1 Barrett St, Marylebone, W1U 1AX
월-금 8:30-17:30, 토-일 9:30-17:30
필터 커피 £3.2, 아이스 라테 £3.7 Map ⋯→ ②-B-2

이곳 역시 커피 맛이 훌륭하기로 정평이 나있다. 밝고 모던한 인테리어에 커피뿐 아니라 각종 커피용품을 갖추고 판매하는 워크숍 커피는 전문적인 분위기가 물씬 풍긴다. 쇼핑거리에서 멀지 않은 번화가에 자리하지만 조용히 커피를 즐기다 갈 수 있는 곳. 2011년 오픈 이후 현재 런던에 4개의 지점을 열었으며, 주말에는 커피 애호가들을 위해 마스터 클래스를 운영하고 있다.

THE GENTLEMEN BARISTAS
더 젠틀맨 바리스타

런던 브리지 역
11 Park St, London SE1 9AB
월-금 7:00-16:00, 토 8:00-17:00, 일 9:00-16:00
에스프레소 £2.7, 필터 커피 £3, 오트밀 팬케이크 £4-9
Map ⋯→ ④-B-3

런던 중심가 곳곳에 여러 개의 지점이 있는 커피 전문점으로 2014년 설립해 런던의 커피 문화를 이어가고 있다. 지점마다 규모는 다르지만 조용한 분위기에서 친절한 직원들이 내려주는 맛있는 커피를 즐길 수 있다. 본사에서 로스터리를 직접 운영하며 생두를 로스팅해 커피의 품질을 철저히 관리한다. 다양한 카페와 호텔, 레스토랑 등에 스페셜티 커피를 납품하고 매장에서도 판매한다.

KISS THE HIPPO COFFEE
키스 더 히포 커피

옥스포드 서커스 역
51 Margaret St, W1W 8SG
월-금 8:00-17:00, 토 8:30-17:00, 일 9:30-17:00 플랫화이트 £3.3, 싱글 오리진 드립 커피 £4.5 Map ⋯→ ②-C-2

지속가능한 스페셜티 커피 회사를 추구하며 유기농 인증 커피를 로스팅해 선보이는 곳이다. 2018년 처음 로스터리를 오픈한 뒤 3년 연속 영국 바리스타 챔피언십에서 우승하는 등 커피 맛으로도 인정받고 있다. 현재 런던에 여러 개의 지점을 운영하고 있으며, 매장에서는 원두 외에도 빨간 하마 로고로 장식된 머그 등 다양한 상품을 구입할 수 있다.

바가 아닌 테이블 석에서 식사를 하고 싶다면 예약을 하는 것이 좋다. 예약은 평일 오전 11시 이후부터 가능하다.

ALLPRESS ESPRESSO
올프레스 에스프레소

쇼디치 하이 스트리트 역

58 Redchurch St, E2 7DP
월-금 8:00-16:00, 토 · 일 9:00-16:00
에스프레소 £2.8, 롱블랙 £3 Map ⋯ ①-C-4

뉴질랜드의 커피 회사 올프레스가 런던에도 진출했다. 2010년 쇼디치에 문을 연 뒤 2015년 달스턴에 더 넓은 공간을 마련했다. 쇼디치 지점은 공간이 좁지만 힙한 분위기 속에서 커피를 마시며 어울리는 젊은층이 많다. 올프레스에서 로스팅한 원두는 매장에서 판매하는데, 직원이 맛과 향을 설명하며 추천해주고 즉석에서 무게를 달아 포장해준다.

NUDE ESPRESSO
누드 에스프레소

쇼디치 하이 스트리트 역

26 Hanbury St, E1 6QR
월-금 8:30-17:00, 토 · 일 10:00-17:00
에스프레소 £2.2, 라테 £2.8 Map ⋯ ①-C-4

2008년 쇼디치에 첫 오픈한 이후 꾸준히 성장하고 있는 로스터리 카페. 트렌드에 맞춰 친환경 커피를 추구하며, 최신 로스팅 기술을 적용하고 장비를 마련하는 데도 발빠르다. 카페 맞은편에 별도의 로스터리 건물이 있고, 베이커리도 갖추고 있어 카페에서 판매하는 페이스트리, 케이크는 모두 자체적으로 만든다.

OZONE COFFEE ROASTERS
오존 커피 로스터스

올드 스트리트 역

11 Leonard St, EC2A 4AQ
월-금 7:30-16:30, 토 · 일 8:30-17:00
롱블랙 £3.1 런치 단품 £9-16 Map ⋯ ①-B-4

카페이면서 레스토랑으로, 넓은 공간에서 식사를 즐기기에도 좋은 곳이다. 하지만 다른 메뉴들이 많다고 해서 커피에 대한 전문성이 떨어지는 건 결코 아니다. 사이폰이나 에어로프레스 등 다양한 추출 방식을 통해 커피를 제공하고, 지하에 자체 로스팅 공간을 갖추고 있어 원두를 바로 구입해 갈 수도 있다.

ATTENDANT
어텐던트

올드 스트리트 역

74 Great Eastern St, EC2A 3JL
월-금 8:00-17:00, 토 · 일 9:00-17:00
플랫화이트 £3.8, 런치 단품 £6-12 Map ⋯ ①-B-3

쇼디치와 피츠로비아, 클러큰웰 등 다섯 곳에 지점을 운영하고 있는 어텐던트는 원두와 재료에 대한 자부심이 높은 로스터리 카페이자 브런치 카페. 각각 개성 있는 콘셉트의 인테리어로 발길을 끈다. 쇼디치점은 식물을 이용한 친환경 인테리어가 밝은 느낌을 선사하는 곳. 브런치와 점심 메뉴는 4시까지 가능하며 특히 채식주의자들을 위한 메뉴가 다양하다.

SHOREDITCH GRIND
쇼디치 그라인드

올드 스트리트 역

213 Old St, EC1V 9NR
월-수 7:00-23:00, 목 · 금 7:30-22:00, 토 9:00-22:00, 일 9:00-17:00
커피 £2.9-4.4 **Map** ··· ①-B-3

외부에 걸린 간판이 마치 영화관 같은 곳, 쇼디치 그라인드는 낮에는 카페, 밤이면 칵테일바로 변신한다. 감각적인 인테리어와 음악, 건물 외관과 매장 곳곳에 쓰인 재미있는 문구 등 젊은 아이디어가 넘치는 장소로, 많은 힙스터들이 모여 낮 시간에도 클럽 같은 왁자한 분위기다. 카페 근처의 별도 공간에서 로스팅하는 '그라인드 커피'를 사용해, 커피 맛도 좋은 평가를 받고 있다.

MONMOUTH COFFEE
몬머스 커피

런던 브리지 역

2 Park St, SE1 9AB
월-토 7:30-17:00 플랏화이트 £3.6, 필터 커피 £3.8
Map ··· ④-B-3

런던의 모든 카페들 중 여행자들에게 가장 잘 알려진 곳이 바로 몬머스 커피일 것. 1978년 처음 코벤트 가든에서 로스팅을 시작했고, 2007년 버로우 마켓에 문을 열었다. 이곳은 특히 공정무역으로 원두를 구입해온 스페셜티 커피로 유명하다. 관광객들뿐 아니라 현지인들도 단골이 많으며, 런던의 여러 카페에서 몬머스 커피의 원두를 쓰는 것을 흔히 볼 수 있다.

CAFÉ & BAKERY

GAIL'S BAKERY
게일스 베이커리

사우스 켄싱턴 역

45 Thurloe Street, SW7 2LQ
월-금 7:00-18:00, 토 · 일 7:30-17:00
사워도우 £4-4.5
Map ··· ③-C-2

런던 곳곳에 여러 개의 지점이 있어 쉽게 찾아볼 수 있는 게일스는 1990년대 게일스 메지아가 설립한 베이커리. 지점이 많지만 설립자의 이름을 내건 만큼 아티잔 베이커리를 고수하고 있다. 기본적인 사워도우와 로프 빵이 유명하고, 시나몬번, 크로아상, 브라우니 등도 인기. 자체적인 하우스 블렌드 커피는 베스트 UK 커피 체인Best UK Coffee Chain으로 선정되기도 했다.

COMPTOIR GOURMAND
콤투아 그루망

런던 브리지 역

96 Bermondsey Street, SE1 3UB
월-화 7:30-15:00, 수-금 7:30-16:00,
토 7:30-17:00, 일 8:00-16:00
시나몬롤 £3.5 **Map** ··· ④-C-3

가족이 경영하는 베이커리로 버로우 마켓에서 출발했고 현재 버몬지Bermondsey를 포함해 런던에 4개 지점을 운영하고 있다. 다양한 페이스트리와 샌드위치, 제철 재료를 사용한 샐러드 등이 정기적으로 변경되며 새로운 메뉴를 선보이는데 매일 구워내는 신선한 크루아상을 비롯해 클래식한 메뉴도 있다. 몬머스 커피의 원두를 사용해 빵과 함께 즐기는 커피 맛도 훌륭하다.

BREAD AHEAD
브레드 어헤드

슬론 스퀘어 역

249 Pavilion Rd, Chelsea, SW1X 0BP
월-일 7:00-18:00
도넛 £4.5
Map ··· ③-C-2

버로우 마켓을 포함해 여러 곳에서 지점을 만날 수 있는 유명 베이커리. 2014년 버로우에 베이커리 스쿨을 열었고 첼시 지역의 숍에서도 베이커리 스쿨을 함께 운영하고 있다. 사워도우과 호밀빵, 포카치아, 치아바타 등이 대표 메뉴이고 블루베리, 초코, 카라멜, 바닐라 등 여러가지 맛으로 선보이는 도넛이 맛있기로 유명하다.

문화예술이 스민 공간

훌륭한 사운드로 음악을 감상하거나 멋진 아트북을 보며 여유롭게 음료를 즐길 수 있는 공간도 있고, 저녁 시간이면 공연장으로 변신하는 공간도 있다. 굳이 카페인지, 공연장인지, 서점인지 구분할 필요는 없을 것 같다. 문화예술이 깃든 멋진 공간들을 소개한다.

ROUGH TRADE
러프 트레이드

음악 애호가라면, 특히 영국 아티스트의 팬이라면 쇼디치의 러프 트레이드는 꼭 방문해야 할 성지 같은 장소다. 장르별로 빼곡히 진열된 LP를 구경하고 매장에 비치된 헤드폰으로 음악 감상을 하다 보면 시간 가는 줄 모를 것. 컬렉션이 워낙 방대해 다른 곳에서 쉽게 찾기 어려운 음반을 구할 수도 있다. 간단한 음료와 에코백과 티셔츠 등 다양한 기념품을 판매하며, 앉을 수 있는 공간이 있으니 카페처럼 천천히 시간을 보내기 좋은 곳이다. 종종 소규모 공연이 열리기도 한다.

• 쇼디치 하이 스트리트 역 •

Old Truman Brewery 91, Brick Ln, E1 6QL

월-토 10:00-19:00, 일 11:00-17:00

Map ⋯ ①-C-4

MAISON ASSOULINE
메종 애슐린

메종 애슐린은 고급스러운 문화와 라이프스타일을 다루는 출판 브랜드로, 1994년 설립 이후 독창적인 아트북을 출간하며 세계 여러 대도시에 갤러리 같은 예술적 분위기의 서점을 운영하고 있다. 런던 중심가에 자리한 이곳은 2개 층에 명품 패션 브랜드의 역사가 담긴 책이나 소장가치가 높은 사진집 등 다른 곳에서 쉽게 찾아보기 힘든 서적까지 갖추고 있고, 커피와 애프터눈 티, 칵테일 등을 즐길 수 있다.

• 피카딜리 서커스 역 •

196A Piccadilly, St. James's, W1J 9EY

월-수 10:30-19:00, 목-토 10:30-21:00

커피 £6.5-7.5 Map ⋯ ②-C-3

카페 음악

SPIRITLAND
스피릿랜드

입구에서부터 'COME HOME TO MUSIC'이란 문구가 반기는 스피릿랜드는 카페이자, 바, 그리고 라디오 스튜디오다. 영국의 스피커 생산회사 '리빙 보이스'에서 공간에 맞는 스피커를 제작해 훌륭한 오디오 시설을 갖췄고, 디제이가 LP를 선곡해 들려준다. 음향전문가들이 완성한 곳이므로 소리에 예민한 사람이라도 충분히 만족스러운 사운드를 감상할 수 있을 것. 오디오 액세서리와 음반도 판매한다.

킹스 크로스 역

9 – 10 Stable St, Kings Cross, N1C 4AB
월–수 9:00–23:00, 목 · 금 9:00–1:00,
토 10:00–1:00 일 10:00–21:00
소다 £3.5, 칵테일 £10–12 **Map** ⋯ ①-A-3

CAFÉ OTO
카페 오토

달스턴 지역에 자리한 카페 오토는 낮 시간엔 주로 노트북을 앞에 놓고 각자 작업하는 젊은이들이나 아이를 데리고 나와 커피를 마시는 현지인들의 모습을 볼 수 있다. 베이커리와 간단한 식사 메뉴도 있다. 다른 곳에서 쉽게 찾아볼 수 없는 다양한 장르의 음반과 한정 출시한 음반들을 판매하는 것도 특징. 5시를 기점으로 분위기는 완전히 바뀌는데 카페 영업을 종료한 뒤 저녁에는 공연장으로 변신한다.

달스턴 정션 역

The Print House, 18–22 Ashwin St, E8 3DL
월–금 8:30–17:00, 토 9:00–17:00,
일 10:00–17:00
커피 £3.5 **Map** ⋯ ①-C-2

THE MONOCLE CAFÉ
모노클 카페

모노클은 매거진을 제작하고 라디오 방송국을 운영하는 영국 미디어. 이 회사가 운영하는 모노클 카페에서는 올프레스의 원두를 사용한 커피와 샌드위치, 퓨전 일식 메뉴, 그리고 매거진을 판매한다. 아래층에는 보다 넉넉한 좌석이 마련돼 있는데 벽면에 잡지의 기념비적인 지면이 걸려있는 것이 인상적이다.

베이커 스트리트 역

18 Chiltern St, Marylebone, W1U 7QA
월–금 7:00–19:00, 토 · 일 8:00–19:00
커피 £2.8–4.5 **Map** ⋯ ②-B-2

SPECIAL

CLASSIC BRITISH FOOD

영국 전통 음식, 알고 맛보기

'맛없다'는 인식이 따라다니는 영국 음식. 영국에서
꼭 시도해봐야 할 전통 음식들을 맛보고 나면 생각이 달라질지도 모른다.
어떻게 유래된 음식이고, 어디가 맛있는 곳일까?

FISH & CHIPS
피시 앤 칩스

영국을 대표하는 음식이라면 단연 1순위로 피시 앤 칩스를 꼽는다. 고작 생선튀김이 한 나라를 대표하는 음식이 될 수 있냐며 무시하는 외국인들도 있지만 알고 보면 피시 앤 칩스야말로 영국의 역사와 긴밀하게 맞닿아있는 음식이다. 생선튀김과 감자튀김을 함께 먹는 독특한 조합은 이미 19세기 중반에 대중적으로 자리잡았고, 노동자들이 빠른 시간 내에 한 끼를 해결할 수 있는 메뉴로 사랑받았다. 피시 앤 칩스의 재료로 사용하는 것은 주로 대구cod로, 그래서 흔히 '코드 앤 칩스'라고 부르기도 한다. 그밖에도 해덕haddock과 헤이크hake, 솔sole 등 여러 흰살 생선을 사용해 조리하는데, 기후조건이 바뀜에 따라 피시 앤 칩스에 사용하는 생선 종류도 조금씩 달라지고 있다.

생선에 반죽을 입혀 튀긴 이 음식의 핵심은 바로 생선살인데 겉은 바삭하며 속이 부드러운 식감에 느끼하지 않고 담백한 맛. 감자는 두툼하고 속이 포슬포슬해 생선과 기대 이상으로 잘 어울린다. 여기에 전통적으로 소금과 비네거를 뿌려 먹었지만 요즘은 대부분 타르타르 소스를 비롯해 취향에 맞게 즐길 수 있도록 그레이비 소스나 케첩을 제공한다. 피시 앤 칩스는 테이크 아웃으로도 즐기기 좋은 음식이라 런던의 유명 피시 앤 칩스 전문점에서는 포장해 가는 손님이 많은 편이다. 물론 펍이나 캐주얼한 레스토랑에서 쉽게 볼 수 있는 식사 메뉴이기도 하다. 맥주 한잔을 곁들여 즐기는 피시 앤 칩스는 의외로 질리지 않는 맛. 바로 영국인들의 일상적인 음식으로 자리 잡을 수 있었던 이유일 것이다.

피시 앤 칩스 맛집

GOLDEN UNION
골든 유니언

옥스포드 서커스 역
38 POLAND ST, SOHO, W1F 7LY
월-일 11:30-21:00
코드 앤 칩스 £15.5 Map ⋯ ②-C-2

2008년 소호에 오픈해 신선한 재료와 친절한 서비스로 인기를 누리고 있는 곳. 여러 명이 방문한다면 피시케이크와 피시파이도 함께 주문해보자.

POPPIE'S FISH & CHIPS
포피스 피시 앤 칩스

쇼디치 하이 스트리트 역
6-8 HANBURY ST, E1 6QR
일-수 11:00-22:00, 목-토 11:00-23:00
피시 앤 칩스 £15.95 Map ⋯ ①-C-4

1952년 시작된 전통 있는 가게로 캠든, 스피탈필즈, 소호에 매장이 있다. 피시 앤 칩스 외에도 다양한 시푸드 메뉴를 스타터로 주문할 수 있다.

MASTERS SUPERFISH
마스터스 수퍼피시

워터루 역, 램버스 노스 역
191 WATERLOO RD, SOUTH BANK, SE1 8UX
화-목 16:30-22:00, 금 12:00-22:00, 토 16:30-22:00
코드 앤 칩스 £9.25 Map ⋯ ④-B-4

워터루 역 근처에 자리한 피시 앤 칩스 전문점. 대구와 해덕을 포함해 생선 종류가 다양하고 아이들을 위한 작은 사이즈도 있다. 입구에 테이크 아웃 코너를 따로 운영한다.

영국에서 대표적인 서민 음식으로 꼽히는 것이 파이 앤 매시다. 고기 파이와 으깬 감자의 조합인 파이 앤 매시는 산업혁명 당시 공장 노동자들이 짧은 시간 내에 포만감을 느낄 수 있는 메뉴로 선택했다.
전통적으로 이 음식은 파이와 으깬 감자 위에 리쿠어liquor 소스를 뿌려준다. 장어 스튜 육수에 파슬리를 넣어 초록빛을 띠며, 이름은 리쿠어지만 알코올은 없다. 지금은 이처럼 리쿠어를 뿌려주는 곳이 흔치 않고 대신 그레이비 소스를 사용한다. 그래서 전통적인 영국 파이집의 기준을 리쿠어의 제공 여부로 판단하기도 한다. 전통적인 스타일은 조금 밍밍하니 소금과 후추, 비네거로 양껏 간을 맞춰 먹으면 되고, 현대적인 스타일은 소스의 진한 맛과 속재료의 조합을 즐기면 된다.

파이 앤 매시 맛집

F. COOKE
F. 쿡

혹스턴 역

150 HOXTON ST, N1 6SH
화–금 11:00–17:00, 토 10:00–18:00
파이 앤 매시 £5.2 Map ⋯→ ①-B-3

1862년 문을 연 파이 가게. 현재 4대째 가족사업을 하고 있다. 메뉴에서 파이 앤 매시 대신 장어eels와 매시를 선택할 수도 있다. 혹스턴과 해크니에 매장이 있다.

M. MANZE
M. 맨즈

버로우 역

87 TOWER BRIDGE RD, SE1 4TW
월–목 10:30–18:00, 금 10:00–19:00, 토 10:00–20:00, 일 11:00–15:00
파이 앤 매시 £5–7 Map ⋯→ ④-C-4

1902년 설립돼 역사와 전통을 자랑하는 곳. F. 쿡보다 조금 더 규모가 크고, 역시 리쿠어를 부어주는 전통적인 파이 가게다. 타워 브리지 근처와 페컴에 자리한다.

선데이 로스트 맛집

HAWKSMOOR
혹스무어

쇼디치 하이 스트리트 역

157A COMMERCIAL ST, E1 6BJ
월–화 17:00–21:00, 수–목 12:00–15:00, 17:00–21:00, 금, 토 12:00–15:00, 17:00–22:00, 일 11:30–20:00
로스트 비프 £27 Map ⋯→ ①-C-4

보다 고급스러운 선데이 로스트를 맛보고 싶다면 혹스무어가 좋은 선택이다. 스테이크 메뉴가 훌륭한 것으로 잘 알려진 레스토랑인 만큼 선데이 로스트도 만족스럽다.

THE PIG AND BUTCHER
더 피그 앤 부처

앤젤 역

80 LIVERPOOL RD, N1 0QD
월–일 12:00–23:00
로스트 비프 £20–28 Map ⋯→ ①-B-3

이즐링턴에서 사랑받는 가스트로펍. 농장에서 가져온 고기를 이곳에서 직접 손질해 요리한다. 늘 많은 사람들로 붐비지만 기다려서라도 가볼 만한 가치가 있는 곳이다.

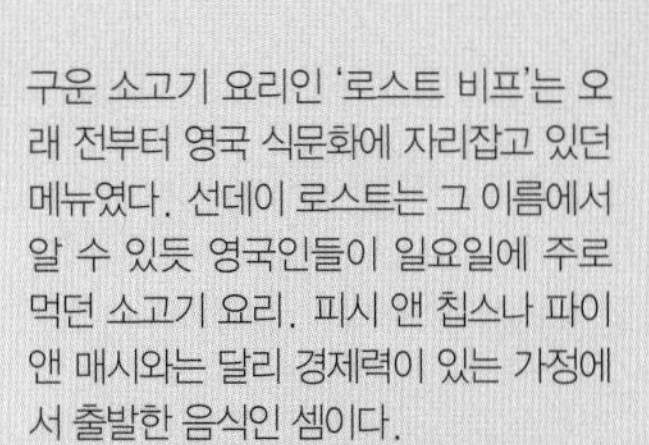

SUNDAY ROAST
선데이 로스트

구운 소고기 요리인 '로스트 비프'는 오래 전부터 영국 식문화에 자리잡고 있던 메뉴였다. 선데이 로스트는 그 이름에서 알 수 있듯 영국인들이 일요일에 주로 먹던 소고기 요리. 피시 앤 칩스나 파이 앤 매시와는 달리 경제력이 있는 가정에서 출발한 음식인 셈이다.
로스트 비프와 익힌 채소를 한 플레이트에 담고, 여기에 요크셔 푸딩을 곁들인다. 소스는 보통 그레이비 소스. 채소는 계절에 따라 다르지만 감자와 당근, 양배추, 브로콜리, 완두콩 등인데 좋은 소고기만큼이나 신선한 야채도 매우 중요하다. 밀가루, 달걀, 우유를 섞어 구운 영국식 푸딩인 요크셔 푸딩은 가볍게 부푼 빵으로 달지 않고 담백한 맛이라 소고기나 그레이비 소스와 함께 먹기에 좋다.

EAT UP

02

CELEBRITY
CHEF RESTAURANT

셰프의 철학이 담긴 음식

세계 여러 국가의 뛰어난 셰프들이 요리에 대한 자신의 철학을 구현할 도시로 런던을 선택했다. 그들이 제안하는 특별한 음식을 즐겨보길.

하이드의 올리 다버스

영국의 스타 셰프는 더 이상 고든 램지와 제이미 올리버 뿐만이 아니다. 너무도 유명해진 두 사람이 런던에 여러 개의 지점을 마련하며 사업을 확장해가는 동안 다른 창의적인 셰프들 또한 런던에서 자신만의 미식 세계를 일궈갔다. 호주, 포르투갈, 스페인, 이스라엘 등 출신과 경력도 다양하고 한국인 셰프도 있다. 이들의 공통점이라면 일찌감치 미슐랭 스타를 획득했다는 점과 식재료에 대한 철학이 뚜렷하다는 점. 모든 재료의 원산지를 상세히 표기하고 신선한 재료만 사용하는 것을 원칙으로 삼아 개성 있는 메뉴를 선보인다. 음식으로 소신 있게 소통하는 셰프들의 공간을 찾아가 그들의 세계를 경험해보는 것은 매우 값진 경험이 될 것이다.

솔잎의 박웅철, 기보미

무라노의 안젤라 하트넷

①

②

알랭 뒤카스의 게살과
캐비어 요리

HIDE
하이드

그린 파크 역

2018년 4월, 문을 열자마자 런던 미식계에 화제로 떠오른 레스토랑. 다양한 콘셉트의 룸과 그린 파크가 내려다보이는 통유리 전망의 다이닝 공간이 펼쳐진다. 이곳은 카리스마와 창의성을 모두 갖췄다는 평가를 받는 젊은 미슐랭 스타 셰프 올리 다버스와 런던 최고의 와인 숍 헤도니즘 와인이 만난 곳으로, 헤도니즘에서 와인을 구입한 뒤 이곳에서 즐길 수 있다. 하이드가 갖춘 와인 리스트 또한 6천여 종이 넘어 런던에서 가장 방대하다.

85 Piccadilly, Mayfair, W1J 7NB
월–금 7:30–10:45, 12:00–14:15, 18:00–22:00
토 · 일 9:00–11:15, 12:30–14:45, 18:00–22:00
테이스팅 메뉴 £160
Map ⋯ ②–C–4

ALAIN DUCASSE AT THE DORCHESTER
알랭 뒤카스 도체스터

하이드 파크 코너 역

프랑스 최고 요리사인 알랭 뒤카스의 미식 세계를 엿볼 수 있는 곳이 도체스터 호텔에 있다. 현재 런던에는 미슐랭 3 스타 레스토랑이 여섯 곳 있는데, 알랭 뒤카스가 그 중 하나. 알랭 뒤카스의 요리는 어디서든 현지의 신선한 제철 재료를 사용하는 것이 핵심이다. 장 필립 블론뎃이 2016년 수석 셰프로 합류해 그의 철학을 이어가고 있다. 고급 프렌치 퀴진을 즐기고 싶다면 1순위로 고려할 만하다.

53 Park Ln, Mayfair, W1K 1QA
화–토 18:00–21:30
테이스팅 메뉴 £285
Map ⋯ ②–B–4

Ⓡ PMONETTA

Tip

런던에서 레스토랑 방문 시 유의할 점

1. 예약은 필수 유명 레스토랑은 예약이 필수. 즉흥적으로 들른다면 장시간 웨이팅을 해야 할 수도 있다. 레스토랑의 각 홈페이지에서 예약이 가능하며, 레스토랑에 대한 정보를 확인하고 예약 서비스를 제공하는 사이트 '오픈테이블(www.opentable.co.uk/london-restaurants)'을 이용해도 된다. 파인 다이닝 레스토랑은 예약 시 카드번호를 입력해야 하는 경우가 많은데 취소 없이 나타나지 않는다면 코스 가격에 해당하는 금액이 결제되기도 한다.

2. 소리쳐 부르지 말 것 영국의 레스토랑에서 직원을 큰 소리로 부르거나, 손짓해서 부르는 것, 단지 손을 들어 부르는 것도 큰 실례다. 서비스하는 직원들이 끊임없이 손님들의 식사 상황을 살피곤 하니 눈을 마주치는 것만으로도 충분하다.

3. 서비스 차지 대부분 계산서에 이미 서비스 차지가 포함되어 있다. 계산서를 확인해보고 이미 포함이 됐을 경우엔 따로 팁을 낼 필요가 없다.

4. 드레스 코드 꼭 격식 차린 정장을 입을 필요는 없지만 너무 캐주얼한 의상은 자제해야 하는 곳도 있다. 예약 시, 드레스 코드가 있는지 확인하는 것이 좋다.

브렛 그레이엄 셰프의 예술적 플레이팅

노피의 인기 메뉴인 베이비 치킨 요리

3 CHILTERN FIREHOUSE
칠턴 파이어하우스

베이커 스트리트 역, 본드 스트리트 역

1880년대 지은 소방서를 호텔로 개조한 건물이다. 레스토랑은 3~4년 전부터 런던의 셀러브리티들 사이에서 핫한 장소로 떠올라 유명인들이 자주 모임을 갖는 곳. 그만큼 프라이버시 보호도 엄격하다. 입구에 별도의 간판이 없고 문 안쪽에 펼쳐진 예쁜 안뜰을 지나 들어가면 레스토랑이 나타난다. 높은 천장과 오픈 키친이 현대적이고 활기 넘치는 분위기. 총괄 셰프인 리처드 포스터가 계절에 맞는 건강한 메뉴를 선보이고 있다.

1 Chiltern St, Marylebone, W1U 7PA
월-금 7:00-10:30, 12:00-15:00, 17:30-22:30, 토·일 8:00-10:00, 11:00-15:00, 18:00-22:00
메인 메뉴 £38-90
Map ··· ②-A-2

4 NOPI
노피

피카딜리 서커스 역

이스라엘 출신의 요담 오토렝기는 런던에서 인기를 누리고 있는 셰프. 건강한 지중해식 요리를 선보이는 그는 영국 신문 가디언에 요리 컬럼을 쓰고 책을 출간하며 새로운 레시피 개발에도 노력을 쏟고 있다. 로비Rovi를 포함해 런던에 총 8개의 델리와 레스토랑을 운영하며, 그 중에서도 노피는 한층 고급스러운 공간에서 오토렝기의 요리를 즐길 수 있는 파인 다이닝 레스토랑이다.

21-22 Warwick St, Soho, W1B 5NE
월-목 11:30-15:00, 17:00-22:30, 금·토 11:30-22:30
메인 단품 £35-52
Map ··· ②-C-3

5 THE LEDBURY
더 레드버리

웨스트본 파크 역

노팅힐의 조용한 주택가에 자리한 레드버리는 호주 출신의 셰프 브렛 그레이엄이 운영하는 곳. 2005년 오픈 이후 꾸준히 명성을 누리며 오랫동안 미슐랭 2 스타를 보유하고 있었지만 팬데믹으로 인해 2년간 문을 닫았다. 그리고 2022년 다시 문을 열어 본래의 명성을 이어가고 있다. 재오픈하며 공간도 새단장했다. 모던하면서도 편안한 분위기에 맛있는 음식 덕분에 단골이 많다. 현재 미슐랭 3 스타를 받았다.

127 Ledbury Rd, W11 2AQ
화-목 18:00-21:15, 금·토 12:00-13:30, 18:00-21:15 디너 테이스팅 메뉴 £210
Map ··· ③-B-1

MURANO
무라노

그린 파크 역

영국의 유명 여성 셰프인 안젤라 하트넷이 이끄는 레스토랑. 그녀는 이탈리아인 할머니와 어머니의 영향을 받아 이탈리아 퀴진을 선보이고 있다. 미슐랭 1 스타 레스토랑인 무라노는, 2008년 고든 램지와 함께 오픈했고 2010년부터 독립적으로 운영해오고 있다. 이탈리안 가정식에 파인 다이닝 서비스를 적절히 조화시킨 느낌. 개성 있는 이탈리아 와인을 두루 갖추고 있으며, 코스에 나오는 요리 개수를 다양하게 선택해 주문할 수 있다.

20 Queen St, Mayfair, W1J 5PP
월-토 12:00-15:00, 18:30-22:00
런치 코스 £50-55
Map ··· ②-B-4

SOLLIP
솔잎

런던 브리지 역

한국적인 이름에서 알 수 있듯 한국인 셰프가 운영하는 레스토랑이다. 박웅철 셰프와 기보미 파티시에 부부가 유럽과 한국의 제철 식재료를 사용해 프렌치 퀴진에 자연스럽게 녹여낸 음식을 선보인다. 총 9개의 코스로 구성된 제철 식재료에 초점을 둔 테이스팅 메뉴를 제공하며, 음식과 섬세하게 어울리는 와인 페어링도 경험할 수 있다. 2022년, 한국인 셰프로는 최초로 런던에서 미슐랭 1 스타를 획득했다.

Unit 1, 8 Melior St, SE1 3QP
화-금 18:00-21:00, 토 17:00-21:00
테이스팅 메뉴 £135
Map ··· ④-C-3

LYLE'S
라일스

쇼디치 하이 스트리트 역

쇼디치의 박스파크 바로 맞은편에 자리한 라일스는 작은 간판과 심플한 인테리어 때문에 단순히 '동네 맛집' 정도로 오해할지도 모르겠다. 그러나 이곳은 2014년 오픈 이후 18개월 만에 미슐랭 1 스타를 받은 레스토랑. 제이미 로우 셰프는 정통 브리티시 퀴진을 현대적 스타일로 재해석해 선보인다. 미슐랭 스타 레스토랑이지만 가벼운 마음으로 방문할 수 있는 캐주얼한 분위기로, 최근 쇼디치에서 가장 핫한 레스토랑으로 꼽힌다.

Tea Building, 56 Shoreditch High St, E1 6JJ
화-토 12:00-14:15, 18:00-21:00
런치 메인 단품 £15-38, 디너 코스 £95
Map ··· ①-C-4

런던에서 맛보는 다양한 미식 세계

JOSÉ TAPAS BAR
호세 타파스 바

런던에서 제대로 된 스페인 타파스를 즐길 수 있는 곳. 이 작고 아늑한 타파스 바에 많은 사람들이 서서 와인을 마시는 풍경을 흔히 볼 수 있는데, 한 번 방문해본 이들은 음식 맛과 활기찬 분위기에 반해 단골이 되곤 한다. 타파스 메뉴는 재료에 따라 매일 바뀌는 것이 특징. 인쇄된 메뉴가 없으며, 칠판에 손글씨로 쓰여진 그날의 메뉴를 확인할 수 있다. 다른 곳에서 쉽게 접할 수 없는 셰리를 다양하게 갖추고 있으니 와인 메뉴도 지나치지 말 것.

런던 브리지 역

104 Bermondsey St, SE1 3UB
월-토 12:00-22:30, 일 12:00-22:00
타파스 £8-21
Map ···› ④-C-4

PIZARRO
피자로

호세 타파스 바를 운영하는 셰프 호세 피자로가 기존 타파스 바에서 한 블록 떨어진 곳에 오픈한 레스토랑이다. 호세 타파스 바가 소규모의 스탠딩 바라면 이곳은 넉넉한 테이블을 갖추고 있다. 계절이나 재료에 따라 메뉴가 자주 바뀌는 편인데 스몰 플레이트를 타파스로 주문해도 되고, 단품 메뉴도 선택의 폭이 넓다. 레스토랑 앞쪽에 마련된 바에는 까바를 포함한 다양한 스페인 와인과 주류를 갖추고 있다.

버로우 역, 런던 브리지 역

194 Bermondsey St, SE1 3TQ
월-토 12:00-22:45, 일 12:00-21:45
메인 단품 £17-60
Map ···› ④-C-4

BAO
바오

대만식 버거인 바오를 메인 메뉴로 여러 가지 대만 음식을 맛볼 수 있는 곳. 최근 런던에서 인기를 끌고 있다. 바오는 한입 크기라 양이 적으므로 다른 메뉴와 함께 여러 가지를 주문하는 게 일반적이다. 고소한 피넛 밀크와 아이스크림도 맛봐야 할 메뉴. 런던에 총 5개 지점이 있는데 팬데믹을 거치면서 문을 닫은 곳도 있지만 새롭게 오픈한 곳도 있다. 소호 외에도 버로우, 킹스 크로스, 쇼디치, 말리본에서 바오를 만날 수 있으며 각 매장마다 조금씩 다른 콘셉트를 선보인다.

옥스퍼드 서커스 역, 피카딜리 서커스 역

53 Lexington St, Carnaby, W1F 9AS
월-목 12:00-15:00, 17:30-22:00, 금·토 12:00-22:30, 일 12:00-21:00
클래식 바오 £7, 피넛 밀크 £5
Map ···› ②-D-3

한식이나 영국 음식이 아닌, 또 다른 미식 세계를 경험하고 싶다면
어디로 가야 할까? 수많은 선택지 중에서 세심하게 골랐다. 스페인, 대만, 인도,
일본, 페루 퀴진을 맛볼 수 있는 곳들.

DISHOOM
디슘

런던에 거주하는 외국인들 중에는 특히 인도인의 인구 비율이 높기 때문에 시내 곳곳에서 인도 레스토랑을 쉽게 찾아볼 수 있다. 디슘은 그 중에서도 특히 좋은 평가를 받고 있는 레스토랑. 향이 너무 강하지 않은 현대적인 인도 요리를 선보인다. 쇼디치, 코벤트 가든 등 여러 곳에 지점이 있는데 킹스 크로스 지점이 디슘의 대표 매장이라 할 수 있다. 두 개 층에 레스토랑이 자리해 공간이 넓고 지하엔 프라이빗 바가 있다.

킹스 크로스 역

5 Stable St, Kings Cross, N1C 4AB
월-수 8:00-23:00, 목 · 금 8:00-00:00, 토 9:00-00:00, 월 9:00-23:00
스몰 플레이트 £3.9-9.5, 난 £3.9-5.2
Map ··· ①-A-3

KOYA
코야

일본 우동 전문점인 코야는 런던의 여러 일식 레스토랑 중에서도 정통 일본 스타일의 음식을 맛볼 수 있는 곳이다. 우동 국물과 면의 식감이 뛰어나기로 유명하고, 튀김과 샐러드 등 우동과 함께 즐기기 좋은 스몰 플레이트 메뉴도 있다. 일본 현지의 작은 우동집 같은 분위기로 오픈 키친을 통해 조리 과정을 볼 수 있다. 공간이 넓지 않아 줄을 서야 하는 경우가 많은데 소호점 외에도 캐논 스트리트 역 근처에 '코야 시티'가 자리한다.

레스터 스퀘어 역

50 Frith St, Soho, W1D 4SQ
월-일 10:00-22:00
우동 £12-15
Map ··· ②-D-3

ANDINA
안디나

미식 천국으로 불리며 세계적인 관심을 받고 있는 페루의 음식을 런던에서도 맛볼 수 있다. 안디나는 캐주얼한 분위기에서 합리적인 가격에 페루 퀴진을 경험해 볼 수 있는 레스토랑. 페루의 소규모 생산자들로부터 공급받는 식재료를 사용해 현지의 제철 음식을 선보인다. 모든 메뉴는 글루텐 프리이며 채식주의자들이 반길 만한 음식도 많다. 낮 시간에는 세비체와 치파 등이 포함된 남미 스타일의 브런치를 경험해 볼 수 있고 저녁에는 지하의 바에서 칵테일을 즐겨도 좋다.

알드게이트 이스트 역

60-62 Commercial St, E1 6LT
월-화 12:00-15:00, 17:00-21:30, 수-금 12:00-15:00, 17:00-22:30, 토 11:00-16:00, 17:00-22:30, 일 11:00-16:00, 17:00-21:30 단품 메뉴 £11-18
Map ··· ①-C-4

좋은 먹거리 찾기, 식료품점

신선한 식재료와 유기농 먹거리는 런던에서도 화두다. 음식에 관심이 많은 런더너들은 어디서 좋은 식료품을 구입할까?

몬스 치즈몽거스

SPA TERMINUS
스파 테르미너스

토요일에만 문을 여는 이곳은 여행자들에겐 거의 알려지지 않은 곳이다. 현지인들 중에서도 신선하고 건강한 음식에 관심이 많은 이들이 일주일에 한 번 식료품을 사기 위해 이곳에 모인다. 스파 테르미너스는 한 숍의 이름이 아니라 여러 식료품 가게가 모여있는 구역을 뜻한다. 좋은 식자재를 유통하겠다는 비슷한 마인드를 가진 이들이 버몬지 근처의 철교를 중심으로 모였고, 평일에는 도매 사업을 하며 토요일 오전에만 일반 고객들에게 문을 여는 것. 20여 개 이상의 가게들 중에는 몬머스 커피 같은 유명한 업체도 입점해 있고 잘 알려지지 않았지만 좋은 식자재에 대해 높은 자부심을 가진 소규모 업체들이 많다.

버몬지 역

Dockley Road Industrial Estate, Dockley Rd, SE16 3SF
토 9:00-16:00 **Map** ··· ④-C-4

Near By / ST JOHN BAKERY
세인트 존 베이커리

세인트 존의 여러 레스토랑에 공급되는 빵이 바로 이곳에서 생산된다. 아침 일찍부터 빵을 사려는 사람들로 붐비는데, 특히 커스터드 도넛은 가장 먼저 품절되는 품목. 스파 테르미너스와 도보 10분 거리에 떨어져 있지만 세인트 존 베이커리 역시 주말에만 일반 고객에게 오픈하므로 같은 날 방문해보기 좋다.

72 Druid St, London SE1 2HQ
금 · 토 9:00-16:00, 일 10:00-16:00
Map ··· ④-C-4

더 커널 브루어리

크라운 앤 큐

더 런던 허니 컴퍼니

스파 테르미너스에서 주목할 가게들

더 커널 브루어리
The Kernel Brewery
— 최근 몇 년 사이 큰 인기를 누리고 있는 마이크로 브루어리인 커널 브루어리의 본거지. 브루어리지만 스파 테르미너스에 자리한 만큼, 탭이 없고 병 단위로만 판매한다.

더 런던 허니 컴퍼니
The London Honey Company
— 1999년 런던에 설립된 도시 양봉업체. 런던 곳곳의 옥상에 마련한 벌집에서 양봉을 한다. 풍부한 아로마로 평판이 높다. 가격은 병당 £8–16.

크라운 앤 큐
Crown and Queue
— 까다롭게 엄선한 돼지고기를 사용해 자신들만의 레시피로 만든 수제 소시지를 선보이는 곳. 치즈 가게와 마찬가지로 현장에서 잘라서 판매한다.

몬스 치즈몽거스
Mons Cheesemongers
— 프랑스와 스위스에서 생산한 아티잔 치즈를 유통하는 회사. 종류가 자주 바뀌며 현장에서 추천하는 치즈를 시식해보고 원하는 무게로 구입할 수 있다.

DAYLESFORD
데일스포드

좋은 유기농 식료품을 구입하려면 데일스포드로 가야 한다. 이곳은 40여 년 전, 영국 중부 스탠퍼드셔의 가족 농장에서 유기농 채소를 재배한 것이 그 출발이며, 지금은 '오가닉'으로 유명한 이름이 됐다. 각종 채소와 과일, 생선, 육류, 베이커리, 주류 등의 식료품뿐만 아니라 자연주의 느낌이 물씬 나는 그릇과 조리도구, 유기농 화장품과 세제도 판매해 오가닉 편집숍이라 해도 좋다. 함께 자리한 레스토랑에서는 데일스포드의 재료로 조리한 건강한 음식을 선보이며 특히 브런치 장소로 인기를 누리고 있다. 노팅힐과 핌리코, 사우스 켄싱턴에도 매장이 있다.

본드 스트리트 역
6–8 Blandford St, Marylebone, W1U 4AU
월–토 8:00–20:00, 일 10:00–18:00
Map ··· ②-B-2

마켓에서 먹고 즐기고 쇼핑하기

런던에서 가장 활기 넘치는 장소는 마켓이다. 사고 파는 사람들의 모습에서 밝은 에너지를 느낄 수 있을 것. 특히 푸드 마켓은 다양한 먹거리를 둘러보고 한끼 식사를 하기에도 좋은 곳이다.

Near By / SPA TERMINUS
스파 테르미너스
몰트비 마켓과 스파 테르미너스를 혼동하는 경우가 많은데 둘은 다른 곳. 하지만 서로 멀지 않으니 토요일에 이 마켓을 방문한다면 스파 테르미너스에도 들러보자. (P.80)

주말에만 장이 서는 다른 푸드 마켓들과 달리 버로우 마켓은 평일에도 운영되니, 주말에 런던에 머무를 수 없는 여행자라면 이곳에 가보는 게 좋겠다. 단, 월요일과 화요일에는 일부 매장만 오픈한다.

BOROUGH MARKET
버로우 마켓

런던 브리지 역
8 Southwark St, London SE1 1TL 화-토 10:00-17:00, 일 10:00-16:00
Map ··· ④-B-3

런던에서 가장 오래된 마켓이자 가장 유명한 마켓으로 현지인뿐 아니라 여행자들도 많다. 역사적으로 1276년 처음 언급된 바 있고, 서더크 지역에 자리한 것은 1000년도 더 전인 1014년. 지금은 현대적인 간판을 달고 있으며 재래시장이지만 꽤 쾌적한 환경이다. 버로우 마켓은 신선한 과일과 야채를 비롯해 세계 각국의 음식을 판매하고, 식재료의 종류가 다양해 구경할 거리가 넘쳐난다. 선물용 수제잼이나 올리브 오일 등을 구입하기 좋고, 마켓 내에서 식사를 할 수도 있다.

MALTBY STREET MARKET
몰트비 스트리트 마켓

버몬지 역
Maltby St, SE1 3PA
토 10:00-17:00, 일 11:00-16:00
Map ··· ④-C-4

몰트비 마켓은 버로우 마켓과 확연히 다른 분위기다. 관광객은 별로 없고 젊은 런더너들이 주말을 즐기는 모습을 볼 수 있다. 이곳은 몰트비 스트리트라는 좁은 길 하나에 형성된 시장이다. 2010년 생긴 이 마켓은 몇 년 전만 해도 지역민들이 주로 찾던 주말 시장이었지만 최근 들어 인기가 더욱 높아지며 부스도 늘어나고 있다. 마켓 내에서 편안히 앉아 식사를 하고 싶다면 길 중간쯤에 자리한 세인트 존Saint John 레스토랑이나, 타파스 바인 바 토지노Bar Tozino에 가보길 추천한다.

Near By / BEIGEL BAKE
베이글 베이크

브릭 레인 거리의 베이글 베이크 Beigel Bake는 맛있기로 소문난 베이글 가게. 연어, 크림치즈, 비프 등을 선택할 수 있는데 빵의 식감이 다른 베이글과 달리 매우 부드럽다.

SOUTHBANK CENTRE FOOD MARKET
사우스뱅크 센터 푸드 마켓

워터루 역

Belvedere Rd, South Bank, SE1 8XX 금 12:00-21:00, 토 11:00-21:00, 일 12:00-18:00
Map ··· ④-A-3

사우스뱅크 센터에는 로열 페스티벌 홀 건물 앞쪽으로 넓은 공간이 펼쳐져 있다. 금요일부터 일요일까지 이곳에 푸드 마켓이 선다. 40여 개의 부스에서 판매하는 것은 세계 각국의 음식과 칵테일, 맥주 등. 식료품보다는 현장에서 바로 먹기 좋은 음식들이라 사우스뱅크 센터의 방문객들은 물론이고 이곳으로 산책을 나온 이들이 마켓을 둘러보고 구입한 음식을 야외 테이블에 앉아 먹는다. 조금 복잡하지만 사람들 사이에 섞여 이색적인 음식을 맛보는 것도 이 마켓에서 누릴 수 있는 경험이다.

BRICK LANE MARKET
브릭 레인 마켓

쇼디치 하이 스트리트 역

91 Brick Ln, London E1 6QR
토 11:00-18:00, 일 10:00-18:00
Map ··· ①-C-4

쇼디치의 심장부라 할 수 있는 브릭 레인 거리에서 열리는 주말 마켓. 브릭 레인 마켓은 백야드 마켓Backyard Market, 선데이 업 마켓Sunday Up Market 등 총 5개의 마켓이 모여있는 곳이다. 이중에서 음식을 판매하는 브릭 레인 푸드 홀Brick Lane Food Hall은 올드 트루먼 브루어리 내에 자리한다. 세계의 다양한 음식을 판매하는 30여 개의 부스가 있어 쇼디치 지역에서 잠시 들러 식사하기 좋은 장소. 브릭 레인 거리를 걷다 보면 맛있는 냄새에 자연히 발길이 푸드 홀로 향할 것이다.

런던에서 마켓 방문 시 주의할 점

1. 요일 확인
대부분 주말 마켓이지만, 오픈하는 요일이 조금씩 다르니 미리 확인해야 헛걸음 하는 일이 없다.

2. 여유 있게 방문할 것
운영시간보다 일찍 마켓이 끝나는 경우가 흔하다. 예를 들어 마켓의 오픈 시간이 5시까지라 해도 4시쯤이면 많은 부스가 이미 정리한 뒤라 썰렁한 분위기니 가능하다면 이른 시간에 방문하길 권한다.

3. 현금 준비
런던은 신용카드 사용이 매우 편한 곳이지만 마켓은 예외. 현금을 준비하는 것이 좋다.

WINE BAR AND WINE SHOP

와인 천국, 런던

영국은 전 세계의 와인을 만날 수 있는 나라. 특히 런던은 유럽에서 가장 다양한 와인이 소비되는 도시로 꼽힌다. 런던의 와인 바와 와인 숍 중에서도 꼭 가볼 만한 곳들을 선정했다.

Tip

와인 바 방문 시 알아두면 좋은 것들

1. 바이 더 글라스 by the glass
한국에서는 저렴한 하우스 와인 한두 종만 글라스 단위로 판매하는 경우가 많지만, 런던의 와인 바와 레스토랑에서는 다양한 와인을 글라스 단위로 선택할 수 있다. 한 병을 주문하기 부담스러울 때나 여러 가지를 맛보고 싶을 때, 와인 리스트에서 '바이 더 글라스'를 확인하고 주문하면 된다.

2. 용량
와인 리스트에는 용량과 그에 해당하는 가격이 함께 표기돼 있다. '75ml, 125ml, 500ml, 750ml(1병)'가 표기된 것을 볼 수 있는데, '바이 더 글라스'의 경우 보통 125ml지만, 보다 적은 양으로 75ml를 선택할 수도 있다.

3. 콜키지
와인 반입을 허락하는 레스토랑에서는 숍에서 구입해온 와인을 일정 금액의 콜키지 차지를 지불하고 즐길 수 있다. 런던에는 와인 숍과 레스토랑이 함께 자리한 곳이 많은데 그런 곳은 대체로 콜키지가 저렴한 편. 특정 요일에만 외부 와인 반입이 가능하거나 아예 불가능한 곳도 많으니 미리 확인해야 한다.

"와인과 문화의 다양성, 런던을 선택한 이유입니다"

INTERVIEW

RAPHAEL THIERRY

와인 소믈리에 라파엘 티에리와의 만남

프랑스 알자스 출신의 파리지앵이었던 소믈리에 라파엘 티에리가 런던에 와서 살기 시작한 것은 2005년. 당시 이 도시를 선택한 이유는 와인 때문이었다. 현재 와인 바이자 숍인 본 비노의 소믈리에로 근무하고 있는 그는 런던에서 살아온 시간 동안, 이곳의 진정한 매력이 문화의 다양성임을 실감했다고 말한다.

파리에서 살다가 런던으로 이주해온 계기를 듣고 싶어요.

당시 제가 좋아하면서도 잘할 수 있는 일을 찾다가 와인 쪽으로 커리어를 쌓기로 결심했습니다. 그때 한 소믈리에가 제게 추천했어요. 와인을 공부하면서 일할 수 있는 최고의 도시가 런던이라고 말이죠. 그래서 런던으로 와서 정통 프렌치 레스토랑에서 일하기 시작했고, 얼마 뒤에 아시안 레스토랑으로 이직했어요. 그때 본격적으로 와인 공부를 했고 소믈리에로 근무하기 시작했습니다. 그 즈음엔 왜 와인 쪽 일을 하려면 런던이 최고의 도시라고 하는지 완벽히 이해하게 됐어요.

어떤 면에서 그렇던가요?

프랑스에서는 프렌치 퀴진과 프랑스 와인이 매우 당연하고 다른 나라의 와인은 찾기 어렵죠. 대표적인 와인 생산국이고 자체적인 문화가 워낙 강하니까요. 런던에는 캐주얼 레스토랑부터 파인 다이닝까지 모든 스타일의 퀴진, 전 세계 모든 나라의 음식과 모든 와인 생산국의 와인이 있어요. 저는 '다양성'이 곧 런던의 매력이라고 생각하는데, 와인 분야에서도 그렇습니다.

영국은 전통적으로 와인 소비국이죠. 생산도 하지만 다른 나라와 비교하자면 생산량이 적으니까요. 직접 와서 보고 느낀 이 나라의 와인 문화는 어떤가요?

영국은 기후 때문에 와인 생산을 많이 할 수가 없지만 예부터 유럽에서 부유한 나라 중 하나였고 사람들이 술을 좋아하죠. 파인 와인도 많이 소비해왔기 때문에 유럽 각국의 와인 생산에 많은 영향을 미쳤습니다. 와인 소비국으로서 영국의 와인 문화는 역시 다양하다는 거예요. 사람들은 어떤 음식이라도 와인을 매칭해 즐기는 걸 매우 자연스럽게 생각하고, 새로운 스타일의 와인을 마시는 데도 열려 있어요.

런던에서 개인적으로 특별히 좋아하는 '와인 플레이스'가 있다면 어디인지 궁금합니다.

파라다이스 로Paradise Row에 자리한 세이저 앤 와일드Sager + Wilde를 좋아해요. 와인리스트가 흥미롭고 오가닉 와인이 많죠. 40 몰트비 스트리트40 Maltby Street도 자주 갑니다. 본래 와인 유통회사의 창고였는데 런던 최초의 오가닉 와인 바가 됐죠. 음식이 맛있고 직원들이 친절합니다. 또 더 10 케이스The 10 Cases도 즐겨 가는데, 런던 중심부에 자리한 걸 감안하면 정말 합리적인 가격대예요.

한국 와인애호가들이 방문하기에도 좋은 장소들인 것 같습니다. 이외에 와인애호가들과 공유하고 싶은 정보가 있다면 어떤 건가요?

콜키지 차지를 내고 와인 숍에서 구입해간 와인을 즐기는 것도 한 가지 방법이에요. 평소에는 와인 반입이 안되더라도 일요일이나 월요일에는 가능한 경우가 많죠. 스테이크가 훌륭한 레스토랑 혹스무어Hawksmoor는 월요일마다 와인 반입이 가능하고 콜키지를 이용할 수 있어요. 또 무료 시음회에도 참석해보라고 권하고 싶습니다. 제가 종종 가는 곳은 다이내믹 바인스Dynamic Vines인데 토요일마다 무료 시음을 할 수 있고 원한다면 현장에서 구입할 수도 있습니다.

런던의 파인 다이닝부터 와인 숍까지 다양한 곳에서 소믈리에로서 경험을 쌓아 왔는데요, 현재 근무하고 있는 본 비노의 와인 리스트는 어떤 특징이 있나요?

본 비노는 이탈리아 와인을 전문적으로 취급하는 곳이에요. 그만큼 전문성 있는 와인 리스트를 갖추고 있고, 잘 알려지지 않았지만 뛰어난 와인을 생산하는 와이너리의 와인도 소개하고 있습니다. 가장 큰 특징은 모든 와인을 글라스 단위로 판매하고 있다는 점이에요. 다양한 품종으로 생산된 이탈리아 와인을 맛볼 수 있고, 가볍게 한 잔씩 즐길 수도 있습니다. 맛본 와인을 보틀로 구매할 수도 있죠.

런던으로 와서 와인이라는 큰 세계에 뛰어들었는데, 지금까지 느낀 와인의 가장 매력적인 점은 무엇인가요?

와인은 곧 '커넥션'이라는 점이에요. 와인메이커는 포도밭에서 자연과 직접적 관계를 맺고, 소비자들은 와인이 모든 스타일의 음식과 연결되는 것을 경험하죠. 또 와인은 살아있는 것이므로 오픈한 뒤 매 순간 변화하는 과정을 느낄 수 있다는 점도 재미있고 놀라워요. 평생에 걸쳐서 배울 수 부분이 있는 것이 와인이므로 평소엔 그저 마음을 열고 즐기는 자세가 중요한 것 같습니다.

Tip

세이저 앤 와일드는 와인 바 외에도
배스널 그린 역 근처에 같은 이름의
와인 레스토랑을 운영한다.
보다 잘 갖춰진 식사를 하고 싶다면
그곳으로 가도 좋다.

SAGER + WILDE
세이저 앤 와일드

혹스턴 역

193 HACKNEY RD, E2 8JL
월-목 17:00-00:00, 금 17:00-1:00, 토 12:00-1:00, 일 12:00-00:00
와인(바이 더 글라스)£5-15 Map ⋯ ①-C-3

2013년 첫 오픈 직후부터 와인 전문가들에게 매우 좋은 평가를 받고 있는 곳이다. A4용지에 프린트한 두툼한 와인 리스트에서 주인장의 내공이 느껴진다. 입고 상황에 따라 와인 리스트가 매일 바뀌며 글라스 단위로 주문할 수 있는 와인도 30가지 이상이다. 가격이 비싸지 않고 £10 내외의 간단한 음식 메뉴가 잘 구성돼 있어 캐주얼하게 와인을 즐기기 좋은 장소다.

THE WINEMAKERS CLUB
더 와인메이커스 클럽

세인트 폴 역

41A FARRINGDON ST, EC4A 4AN
월-금 11:00-12:00, 토 17:00-23:00
치즈 플레이트 £10 Map ⋯ ①-A-4

와인 숍이자 바인 이곳은 150년 이상 와인저장고로 사용되던 장소. 와인메이커스 클럽은 2014년 오픈했는데 역사적 분위기는 고스란히 간직하고 있다. 여러 와인생산자들의 와인을 직접 수입해 소개하며, 오가닉 와인이 많고 대부분 잘 알려지지 않은 소규모 와이너리들. 생산지의 개성을 잘 드러내는 와인이 많아 새로운 와인을 발견하고 싶어하는 와인애호가들이 즐겨 찾는다. 낮에는 시음행사를 열거나 와인 판매를 하고 저녁에는 운치 있는 다이닝 공간으로 변신한다.

GORDON'S WINE BAR
고든스 와인 바

• 차링 크로스 역 •

47 VILLIERS ST, WC2N 6NE 월-토 11:00-23:00, 일 12:00-22:00 치즈 보드 £9.7-19.9, 미트 보드 £10.5-15.5 Map ⋯ ②-E-4

런던에서 가장 오래된 와인 바인 고든스 와인 바는 동굴 속에서 와인을 마시는 특별한 기분을 느낄 수 있는 곳. 1890년 설립된 이곳은 당시 지하창고였던 실내 모습을 그대로 유지하고 있으며 벽에 걸린 오래된 신문 기사와 낡은 기념품 등에서 그 역사를 확인할 수 있다. 완전히 어두운 실내는 테이블 위에 놓인 촛불만이 유일한 장식. 카운터에서 주문한 뒤 직접 와인과 글라스를 받아오면 되고, 날씨가 좋은 날에는 외부 테라스 석에 앉아도 좋다.

THE REMEDY WINE BAR & KITCHEN
더 레메디 와인 바 앤 키친

• 그레이트 포틀랜드 스트리트 역 •

124 CLEVELAND ST, FITZROVIA, W1T 6PG
월 16:00-23:00, 화-토 16:00-00:00
단품 메뉴 £7-16.5 Map ⋯ ②-C-1

'치료'라는 뜻의 이름에는 한 잔의 좋은 와인과 음식으로 힐링을 할 수 있다는 의미를 담았다. 역시 이름처럼 아늑하고 정감 있는 공간. 작은 와인 바지만 결코 적지 않은 와인 리스트를 갖추고 있다. 150가지에서 200가지의 와인을 선보이는데 전 세계 와인을 소개하며, 특히 포도 껍질과 장시간 접촉하고 자연 효모로 발효한 '오렌지 와인'을 10여 종 이상 갖추고 있다. 음식은 타파스처럼 여러 가지 단품 메뉴가 제공된다.

BON VINO
본 비노

버몬지 역

⊕ 35 DOCKHEAD, SE1 2BS
◷ 월-금 12:00-22:00, 토 23:00-22:00
⊜ 피자 £12-18
Map ⋯ ④-C-4

중심가에서 약간 떨어진 위치에 자리한 작은 와인 바이자 와인 숍. 그만큼 현지인들이 자주 찾는 곳으로 로컬 분위기가 물씬 풍긴다. 이탈리아 와인을 전문적으로 취급하며 총 200여 종의 와인을 갖추고 있다. 와인 리스트를 따로 제공하지 않고 원하는 스타일을 이야기하면 소믈리에가 추천해주는 방식으로, 모든 와인은 글라스 단위로 즐길 수 있다. 다양한 피자 메뉴도 갖추고 있으며, 금요일부터 일요일까지는 몰트비 마켓에서도 만날 수 있다.

THE 10 CASES
더 10 케이스

코벤트 가든 역

⊕ 16 ENDELL ST, WC2H 9BD
◷ 월-토 12:00-00:00
⊜ 스몰 플레이트 £7-9, 메인 단품 £19-28 Map ⋯ ②-E-2

코벤트 가든에서 멀지 않은 곳에 자리한 와인 비스트로. 와인 가격이 합리적이고 직원들이 친절해 좋은 평가를 받고 있다. 이름처럼 한 가지 와인을 10개의 케이스만 입고해 판매하며 다 팔린 뒤엔 재입고하지 않고 다른 와인을 소개하는 식으로 와인 리스트가 계속 바뀐다. 격식을 차리지 않은 편안한 분위기로 테라스 석이 특히 인기. 지하에는 와인 셀러와 함께 프라이빗 다이닝 공간을 갖추고 있다.

Tip

매주 월요일마다 12가지의 와인을 와인 숍에서 살 수 있는 가격으로 판매하니, 월요일에 방문하면 보다 저렴한 가격에 즐길 수 있다.

NOBLE ROT
노블 랏

러셀 스퀘어 역

⊕ 51 LAMB'S CONDUIT ST, WC1N 3NB
◷ 월-토 12:00-23:00
⊜ 런치 코스 £22-26, 치즈 플레이트 £13
Map ⋯ ②-F-1

런던에서 가장 예쁜 거리 중 하나로 꼽히는 램스 컨두잇 스트리트에 자리한 노블 랏은 런던 와인애호가들의 발길이 끊이지 않는 곳. 맛있지만 잘 알려지지 않은 보석 같은 와인들을 갖춰 내셔널 레스토랑 어워드에서 '올해의 와인 리스트 상'을 수상하기도 했다. 본점의 인기에 힘입어 2020년 소호 지점을, 2023년 메이페어 지점을 추가로 오픈했다.

HEDONISM WINES
헤도니즘 와인

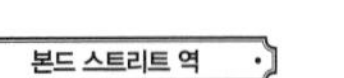

3-7 DAVIES ST, MAYFAIR, W1K 3LD
월-토 10:00-21:00, 일 12:00-18:00
Map ⋯→ ②-B-3

압도적인 규모의 와인 숍이다. 6,000종 이상의 와인과 3,500여 종 이상의 기타 주류로, 총 1만 가지 이상의 제품을 갖췄다. 와인 리스트와 서비스가 훌륭해 2012년 오픈 이후 영국의 주요 주류 매체인 디캔터Decanter와 드링크 비즈니스The Drinks Business로부터 수차례 수상한 바 있다. 와인 디스플레이도 근사한데 특히 한쪽 벽면을 가득 채운 금빛의 샤토 디켐은 보는 것만으로도 눈이 즐겁다. 지하에는 널찍한 시음 공간도 있다. 와인애호가라면, 혹은 와인업계 종사자라면 런던 방문 시 반드시 들러야 할 숍이다.

BERRY BROS. & RUDD
베리 브라더스 앤 러드

63 PALL MALL, ST. JAMES'S, SW1Y 5HZ
화-금 10:00-19:00, 토 10:00-18:00
Map ⋯→ ②-C-4

와인애호가라면 영국의 역사적인 와인 숍을 방문해 보는 것도 의미 있을 것. 베리 브라더스 앤 러드는 1698년 설립돼 320여 년 역사를 가지고 있는 와인 기업이다. 이곳은 와인 전문가 중 최고 권위로 인정받는 마스터 오브 와인Master of Wine(MW) 6명이 소속돼 와인 개발을 하고 지식을 나누는데, 이는 세계 와인 회사 중 가장 많은 숫자다. 제임스 스트리트에는 베리 브라더스 앤 러드의 와인 숍이 있으며 저렴한 와인부터 최고가 와인까지 전 세계의 와인 4,000 종 이상을 갖추고 있다.

More Info

베리 브라더스 앤 러드는 2017년, 홈플러스와 손잡고 한국에 론칭했다. 한국에 소개되는 와인은 이들의 PB제품인 더 와인 머천트The Wine Merchant 레인지. 가격대비 퀄리티가 뛰어난 와인들이다.

EAT UP

05

PUB

영국인들에게 펍이란?

평소엔 그리 말이 많지 않은 영국인들이 펍에만 가면 말문이 터진 듯 이야기를 쏟아낸다. 실내에 좌석을 두고도 맥주잔을 들고 바깥에 선 채로 말이다. 이들에게 이곳은 어떤 공간일까?

HISTORIC PUB

세월이 깃든 역사적 펍

셰익스피어와 찰스 디킨스 등 영국의 위대한 문학가들도 펍에서 술을 마시며 작품을 구상하곤 했다.

LAMB & FLAG 램 앤 플래그

레스터 스퀘어 역

33 ROSE ST, WC2E 9EB

월-금 12:00-23:00, 토 11:00-23:00, 일 12:00-22:30

메인 메뉴 £13.5-23.5 Map ⋯ ②-E-3

램 앤 플래그의 건물은 코벤트 가든에서 가장 오래된 펍으로 꼽힌다. 17세기에 시인 존 드라이든이 방문한 기록이 있고, 19세기에는 소설가 찰스 디킨스가 즐겨 찾던 곳으로도 유명하다. 내부는 낮은 천장과 어두운 톤의 목조 인테리어로 전통적인 선술집의 느낌이 물씬 풍기며 벽면에 걸린 그림이 예스러운 분위기를 더한다. 중심가에 자리해 하루 일정을 끝낸 뒤 들러 술 한잔을 즐기기 좋은 위치다.

THE GEORGE INN 더 조지 인

런던 브리지 역

THE GEORGE INN YARD, 77 BOROUGH HIGH ST, SE1 1NH

월-수 11:00-23:00, 목-토 11:00-00:00, 일 12:00-23:00

펍 클래식 £11.5-18.95 Map ⋯ ④-B-3

런던 브리지와 버로우 마켓 근처에 자리한 더 조지 인은 중세 시대에 처음 지어졌고 이후 화재로 소실된 뒤 재건되었다. 펍의 간판을 따라 들어가면 펼쳐지는 야외 마당은 과거 연극 공연을 하던 곳으로 알려져 있으며, 셰익스피어는 런던에서 집필활동을 하던 시기에 이곳을 자주 방문했다고 한다. 현재 영국 문화자산 보호를 맡고 있는 내셔널 트러스트가 이곳을 직접 관리하고 있다.

대화가 시작되는 퍼블릭 하우스

펍pub은 퍼블릭 하우스public house의 줄임말이다. 영국에서 펍은 '대중적 공간'이란 이름 그대로 사람들을 만나고 어울리며 대화를 나누는 사교 장소다. 단, 고급스러운 사교 장소가 아니라 길에서 흔히 볼 수 있는 캐주얼한 선술집인 것. 정장을 차려 입은 직장인들이 저마다 술잔 하나씩을 손에 들고 길에서 웃고 떠드는 모습은 퇴근 시간의 런던 거리에서 흔히 볼 수 있는 풍경. 평소에는 과묵하던 이들도 적극적으로 말하며 정치 · 사회 문제에 대한 자신의 생각을 피력하고 의견을 나누기 시작하니, 이들에게 펍이란 꽤 훌륭한 커뮤니케이션 장소인 셈이다.

갖가지 오락거리가 있는 곳

펍에서 벌어지는 일은 의외로 매우 다양하다. 가장 흥미로운 것은 펍 퀴즈pub quiz. 퀴즈 나이트quiz night라고도 하는 펍 퀴즈는 주로 손님이 가장 적은 월요일 저녁에 진행하곤 한다. 퀴즈가 시작될 것을 모르고 방문한 이들에겐 깜짝 쇼 같은 것이지만 시사상식이나 역사적 사건 등에 대한 질문이 시작되면 대부분 열심히 참여하는 모습을 볼 수 있다. 상품은 펍마다 제각각인데 상금을 걸어놓기도 하고, 펍의 맥주 탭을 통째로 주겠다는 농담 섞인 상품을 내걸기도 한다. 펍 퀴즈가 처음 시작된 것은 1970년대였고, 이후 영국의 펍 문화 중 하나로 자리 잡았다. 펍 퀴즈보다 더욱 자주 즐길 수 있는 오락거리는 다트 게임이나 당구. 펍에 설치된 모니터를 통해 함께 스포츠를 관람하는 것도 빼놓을 수 없다. 맥주와 스포츠라니, 너무도 잘 어울리는 조합이 아닌가!

가장 편안한 외식 공간

펍을 단순히 술집으로 생각한다면 펍에서 제공하는 여러 가지 음식 메뉴에 조금 놀랄 것이다. 가장 대표적인 펍 푸드로는 피시 앤 칩스를 꼽을 수 있고, 파이도 자주 등장한다. 또 영국의 디저트인 스티키 토피 푸딩도 있으며, 일요일이면 많은 펍에서 선데이 로스트 메뉴를 운영하니 가족들의 주말 외식 장소로도 손색이 없다. 아침 일찍 문을 여는 곳도 있으니 모닝 커피와 잉글리쉬 브렉퍼스트로 시작해 종일 식사가 가능하다. 펍은 영국인들이 가장 쉽게 찾아가 식사를 하고 커피 또는 차나 맥주를 마시며 시간을 보낼 수 있는 공간인 것. 그리 비싸지 않은 가격으로 말이다.

일상 그 자체

펍에는 신문을 보면서 커피를 마시는 사람들, 낮 시간 유모차에 아이를 태우고 나와 친구들을 만나는 사람들이 있다. 그리고 대학생들의 토론이나 파티 장소가 되기도 하고, 각종 소모임도 열린다. 물론 직장인들이 퇴근 후 집으로 돌아가기 전, 맥주 한잔을 하는 것도 평범한 일상 속에서 즐기는 여흥이다. 펍에서 만난 현지인의 일상적인 모습은 여행 후에도 분명히 오래 기억에 남을 것이다.

THE DOVE 더 도브

라벤스코트 파크 역

19 UPPER MALL, HAMMERSMITH, W6 9TA
월-토 11:00-23:00, 일 12:00-22:30
메인 메뉴 £16-36 **Map** ⋯ ③-A-2

해머스미스 지역에 자리한 더 도브는 18세기 초에 오픈한 펍. 17세기에 세워진 이곳은 그동안 많은 위대한 인물들이 시간을 보낸 곳인데 시인이자 극작가였던 제임스 톰슨이 이곳에서 '브리타니아여 통치하라Rule Britannia'를 썼고 이 시는 이후 영국 비공식 국가의 가사가 되었다. 1796년 이후로 영국의 에일 회사 풀러스가 소유하고 있으며, 실내는 클래식한 레스토랑 분위기를 갖췄다.

YE OLDE MITRE 예 올드 마이터

챈서리 레인 역, 패링던 역

1 ELY PL, EC1N 6SJ
월-금 11:00-23:00
파이 £6.5 **Map** ⋯ ①-A-4

간판을 따라 골목 안으로 들어가면서도 긴가민가하게 될 만큼, 건물 속 깊숙이 숨어있는 펍이다. 이곳은 1546년 처음 지어져 1782년에 규모를 확장했다. 맥주뿐 아니라 20가지의 와인을 갖추고 있는데 모두 글라스 단위로도 판매하는 것이 특징. 파이처럼 간단히 먹을 수 있는 영국 음식을 판매하니 이 역사적인 펍에서 에일과 함께 고기 파이를 주문해보는 것도 좋겠다.

EAT UP

06

COCKTAIL BAR

해진 뒤 더욱 빛나는 시간

낮은 조도의 분위기 있는 공간에서 나지막이 음악이 흐를 때 즐기는 칵테일 한잔. 유명 바텐더들이 있는 런던의 손꼽히는 바에서라면 그 시간이 더 뜻깊을 것이다.

K BAR AT THE KENSINGTON
K 바 앳 더 켄싱턴

사우스 켄싱턴 역

109-113 QUEEN'S GATE, KENSINGTON, SW7 5JA
일-화 15:00-23:00, 수-토 15:00-00:00
클래식 칵테일 £18-20 Map ⋯ ③-C-2

타운하우스 켄싱턴 호텔에 자리한 K 바는 오크 패널과 대리석으로 장식된 중후한 공간에 편안한 소파가 마련된 곳. 좋은 평가를 받는 바가 그리 많지 않은 사우스 켄싱턴 지역에서 칵테일 바를 찾는다면 이곳을 추천할 만하다. 가격도 특급 호텔에 자리한 바 중에서는 저렴한 편. 클래식한 칵테일부터 모던한 스타일까지 메뉴 구성이 다양하고 특별한 모임을 위한 디저트 칵테일도 준비돼 있다.

NIGHTJAR
나이트자

올드 스트리트 역

129 CITY RD, HOXTON, EC1V 1JB
일-화 18:00-00:30, 수-목 18:00-1:00, 금-토 18:00-2:00
칵테일 £12-27 Map ⋯ ①-B-3

런던의 대표적인 스피크이지 바speakeasy bar로, 입구를 찾기 쉽지 않은 비밀스러운 곳이다. 나이트자의 로고인 쏙독새가 새겨진 문 아래로 내려가면 재즈 음악이 흐르는 공간이 펼쳐진다. '월드 베스트 바'에서 꾸준히 상위권에 오를 만큼 좋은 평가를 받고 있고, 특히 칵테일 메뉴에서 최고의 정통성을 자랑한다. 직원들의 지식과 서비스 수준, 밴드의 라이브 연주까지 여러 가지가 조화로운 곳이다.

CONNAUGHT BAR
코너트 바

본드 스트리트 역

CONNAUGHT, CARLOS PL, W1K 2AL
월-토 11:00-1:00, 일 11:00-00:00
코너트 마티니 £26 Map ⋯ ②-B-3

메이페어에 자리한 코너트 호텔은 1815년 처음 문을 연 건물. 이 호텔에는 2017년 '월드 베스트 바 50'에서 4위에 오른 코너트 바가 자리한다. 클래식한 분위기의 고급스러운 공간으로, 런던 최고의 바텐더로 꼽히는 아고스티노 페론Agostino Perrone이 예술적인 칵테일을 선보인다. 마티니를 주문하면 트롤리를 끌고 와 테이블 옆에서 칵테일을 제조해주니 바텐더의 화려한 손놀림을 감상할 수 있다.

HIDE BELOW
하이드 빌로우

그린 파크 역

85 PICCADILLY, MAYFAIR, W1J 7NB
월-수 17:00-00:00, 목-토 12:00-00:00, 일 12:00-23:30
칵테일 £14.5-26 MAP ⋯ ②-C-4

하이드 레스토랑 지하에 자리한 하이드 빌로우는 2018년 오픈 이후 클래식 칵테일과 창의적인 스타일의 칵테일 모두를 선보이며 인기를 누리고 있는 곳. 바를 책임지고 있는 인물은 칵테일 쿡북Cocktail Cookbook을 펴내기도 한 오스카 킨버그Oskar Kinberg다. 계절에 따라 메뉴가 바뀌고 독특한 스타일의 칵테일도 맛볼 수 있으며, 칵테일 외에도 전 세계의 다양한 스피리츠 셀렉션을 갖추고 있다.

Tripful

LIFESTYLE & SHOPPING

하나 같이 시선을 끄는 제품이 진열된 라이프스타일 편집숍에서 취향에 맞는 물건을 만날 수도 있고, 멋스러운 물건으로 가득한 빈티지 숍에서 독특한 아이템을 찾을 수도 있다. 런던에서 둘러보는 다양한 쇼핑 스폿들은 여행의 색다른 즐거움이 될 것이다.

The
er Mixture
MILD
Apr

영감의 원천,
런던의 서점들

런던에는 다양한 콘셉트의 서점이 많다. 대형 프랜차이즈 서점보다는 주인장의 취향이 느껴지는 서점들이 개성 있는 셀렉션으로 시선을 끈다.

DAUNT BOOKS 돈트 북스

•베이커 스트리트 역•

84 MARYLEBONE HIGH ST, MARYLEBONE, W1U 4QW
월-토 9:00-19:30, 일 11:00-18:00 Map ⋯ ②-B-1

영국 신문 텔레그래프로부터 '세상에서 가장 아름다운 서점'이란 찬사를 받은 돈트 북스는 그 명성대로 공간을 둘러보는 것만으로도 감탄을 자아내는 곳이다. 2층으로 올라가면 유리 천장으로 쏟아지는 햇살이 내부를 따스하게 감싸는 느낌. 여행 전문 서점으로 출발한 만큼 전 세계 여행책자가 국가별로 정리돼 있고, 픽션과 어린이 도서 등 여행 이외 분야의 책도 다양하게 갖추고 있다. 작가를 초청해 진행하는 토크 프로그램이 거의 매주 개최되는 서점으로, 몇 개의 지점이 있지만 특히 말리본 본점이 아름답다.

BRICK LANE BOOKSHOP 브릭 레인 북숍

•쇼디치 하이 스트리트 역•

166 Brick Ln, E1 6RU WC1N 3NB 월-일 10:00-18:00 Map ⋯ ①-C-4

런던 여행자들이 한 번쯤 들르게 되는 쇼디치의 브릭 레인에 자리한 독립 서점. 1978년 설립해 오랜 역사가 있고, 팬데믹 이후 런던의 여러 서점들이 문을 닫은 와중에도 변함없이 자리를 지키고 있다. 작은 규모지만 소설이나 여행서, 런던에 관련된 책, 아이들을 위한 동화책, 에코백 등 다양한 책과 기념품을 갖추고 있다.

THE NOTTING HILL BOOKSHOP 노팅 힐 북숍

•래드브로크 그로브 역•

13 BLENHEIM CRES, W11 2EE
월-토 9:00-19:00, 일 10:00-18:00
Map ⋯ ③-B-1

줄리아 로버츠와 휴 그랜트가 출연한 영화 〈노팅 힐〉이 개봉한 것은 20여 년 전이지만 영화의 배경이 됐던 서점을 찾는 여행자들의 발길은 지금도 계속되고 있다. 1981년 문을 연 노팅 힐 북숍은 본래 여행 전문 서점이었지만 지금은 고전 소설부터 아동 도서까지 다양한 책을 구비하고 있다. 영화 〈노팅 힐〉 관련 아이템을 비롯해 엽서와 에코백 등 런던 여행에 기념이 될 만한 제품을 구입하기에도 좋다.

ARTWORDS BOOKSHOP 아트워즈 북숍

런던 필즈 역
20-22 BROADWAY MARKET, E8 4QJ
월-금 9:00-20:00, 토·일 10:00-18:00
Map ··· ①-C-3

아트워즈 북숍은 현대 비주얼 아트와 패션, 그래픽 디자인, 건축, 사진, 파인 아트 등 예술 분야에 대한 책과 잡지를 판매하는 서점. 패키지, 웹 디자인 등의 서적을 세분화해 정리해둔 것이 전문 서점답다. 본래 쇼디치에도 숍이 있었으나 팬데믹 이후 해크니 브로드웨이 마켓 지점만 운영하고 있다. 타이포그래피가 인상적인 아트워즈 북숍의 에코백은 인기 아이템.

BRITISH LIBRARY & SHOP 영국 도서관 & 숍

킹스 크로스 역
96 Euston Rd., NW1 2DB
월-목 9:30-20:00, 금 9:30-18:00, 토 9:30-17:00, 일 11:00-17:00
Map ··· ①-A-3

영국의 대표적인 도서관으로, 관광명소는 아니지만 책을 좋아하는 사람이라면 가볼 만한 곳이다. 누구나 무료로 들어갈 수 있으며, 실내 중앙에 자리한 엄청난 규모의 유리 서재가 감탄을 자아낸다. 영국의 국립도서관인 만큼, 소장 컬렉션이 1억 7천 만 점에 이를 정도로 방대한 자료를 갖춘 것으로 유명하다. 갤러리에서는 역사적인 기록물을 전시하고 있어 영국 문학에 관한 자료를 볼 수 있고, 숍에서는 책과 다양한 기념품을 구입할 수 있다.

LONDON REVIEW BOOKSHOP 런던 리뷰 북숍

홀본 역
14-16 BURY PL, BLOOMSBURY, WC1A 2JL
월-토 10:00-18:30, 일 12:00-18:00
Map ··· ②-E-2

대영박물관 근처에 자리한 런던 리뷰 북숍은 고전과 현대문학, 역사, 정치, 철학, 아동 도서 등을 망라해 2만 권이 넘는 책을 갖추고 있다. 새로운 지식에 갈증을 느끼는 런더너들이 즐겨 찾는 '지식의 보고' 같은 역할을 하는 서점. 그만큼 작가와의 만남이나 여러 명의 패널이 함께하는 토론회도 활발히 개최된다. 토론회는 티켓을 구입해야 참석할 수 있다.

LIBRERIA 리브레리아

알드게이트 이스트 역
65 HANBURY ST, E1 5JP
화-토 10:00-18:00, 일 12:00-18:00
Map ··· ①-C-4

이곳에 들어서는 순간 조금은 신비로운 분위기에 휩싸이는 경험을 하게 된다. 거울처럼 실내를 비추는 천장 인테리어와 끝없이 이어지는 듯한 양쪽 벽면의 책꽂이가 독특한 느낌을 자아내는 리브레리아는 호르헤 루이스 보르헤스의 '바벨의 도서관'을 연상시키는 곳. 창의적 커뮤니티를 지원하는 기업 '세컨드 홈'에서 운영하는 서점으로, 주제별로 소개하는 개성 있는 셀렉션이 돋보인다. 실내에선 전화 사용을 금지한 '아날로그 서점'이기도 하다.

STANFORDS 스탠포즈

레스터 스퀘어 역
7 MERCER WALK, WC2H 9FA
월-수 9:00-18:00, 목·금 9:00-19:00, 토 10:00-19:00, 일 12:00-18:00
Map ··· ②-E-3

지도 보는 것을 좋아하는 여행자라면 분명히 이곳에 반하고 말 것. 스탠포즈는 세계에서 가장 다양한 지도를 만날 수 있는 서점으로 꼽힌다. 1853년 지도 판매점으로 시작해 지금은 여행 서적과 지구본, 여행 액세서리를 전문적으로 취급하는 서점이 됐다. 책뿐 아니라 여행과 탐험의 즐거움까지 선사하겠다는 것이 이곳의 모토. 손님이 원하는 방식으로 맞춤형 지도를 판매하기도 하는데 간혹 직원들이 거대한 지도를 재단하는 모습도 볼 수 있다.

LIFE STYLE

감각적인 디자인 숍 탐방

좋은 디자인 제품이란 어떤 걸까? 창의적 아이디어가 빛나면서도 일상에 대한 사려 깊은 시선이 반영된 것이 아닐는지. 런던의 디자인 숍에서 그런 아이템을 찾아보자.

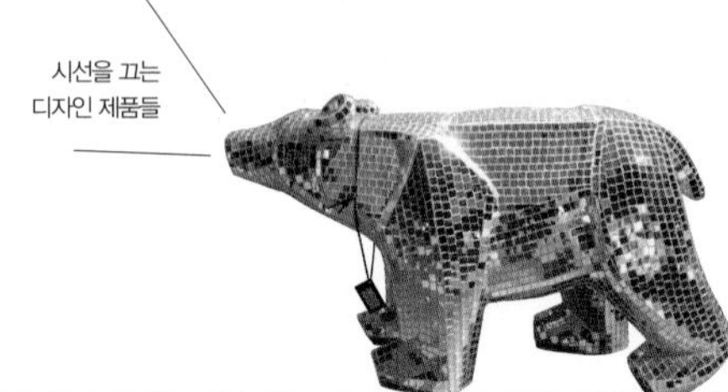

시선을 끄는 디자인 제품들

1.

ANDREW MARTIN
앤드류 마틴

사우스 켄싱턴 역

1978년 설립된 인테리어 디자인 회사 앤드류 마틴은 한 가지의 일관된 스타일이 아니라 다양한 문화와 복합적인 요소가 만나 완성되는 디자인을 추구한다. 다문화 도시인 런던과도 꼭 닮은 모습. 사우스 켄싱턴에 자리한 앤드류 마틴의 쇼룸은 이런 브랜드 철학이 잘 반영된 공간이다. 패브릭, 가구, 조명, 공예품 등 개성 있는 제품들로 가득하며, 동서양의 문화와 전통과 현대 기술력을 조화롭게 매치해 독특한 활력이 넘치는 인테리어 디자인을 시도했다.

190-196 Walton St, Chelsea, SW3 2JL
월-금 9:00-18:00, 토 10:00-18:00, 일 11:00-17:00 **Map** ··· ③-C-2

2.

THE NEW CRAFTSMEN
더 뉴 크래프트맨

본드 스트리트 역
마블 아치 역

손으로 만든 장인정신이 깃든 물건을 만나고 싶다면 이곳에 방문할 것을 권한다. 디자인업계와 럭셔리 브랜드 등에서 경력을 쌓아온 세 사람이 공동으로 설립한 더 뉴 크래프트맨은 디자이너들이 만든 수공예품을 소개하는 곳. 단, 세 설립자가 선정한 영국 공예품 디자이너들의 작품으로만 한정한다. 나무 도마, 자기 그릇, 독특한 스탠드 등은 모두 갤러리에 전시된 작품처럼 세심하게 진열되어 있다.

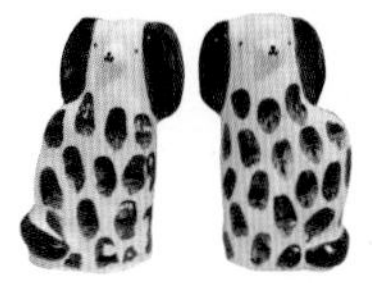

34 N Row, Mayfair, W1K 6DG
월–토 11:00–18:00 Map ⋯ ②-B-3

3.

THE CONRAN SHOP
더 콘란 숍

리젠트 파크 역

영국의 대표적 디자이너로 꼽히는 테렌스 콘란 경이 1974년 설립한 회사. 콘란의 제품뿐 아니라 전 세계의 고급스러운 가구, 조명, 장식품, 생활용품, 디자인 서적, 선물 등을 판매하는 편집숍이다. 콘란의 기준에 맞는 제품을 엄격하게 선정하므로 디자인과 품질이 뛰어난 것은 물론이며, 넓은 공간에 방대한 컬렉션과 카페를 갖춰 여유롭게 둘러보기 좋다.

55 Marylebone High St, Marylebone, W1U 5HS
월–금 10:00–18:00, 토 10:00–19:00, 일 12:00–18:00 Map ⋯ ②-B-1

DESIGN SHOP

4.

TWENTY-TWENTYONE
트웬티트웬티원

하이버리 이즐링턴 역

이즐링턴과 엔젤 지역은 가볼 만한 디자인 숍이 많은 곳인데 트웬티트웬티원이 바로 그 중 하나다. 이름대로 20세기와 21세기, 과거의 디자인과 현대의 진보적인 디자인을 아우르는 콘셉트. 60여 곳 이상의 세계적인 디자인 회사와 제휴해 가구와 조명, 다양한 인테리어 소품을 판매하며, 자체적으로 제작하는 디자인 가구도 선보인다. 어느 한 제품만이 튀지 않는, 조화로운 디스플레이가 돋보이는 곳이다.

274–275 Upper St, N1 2UA
월–토 10:00–18:00, 일 11:00–17:00
Map ⋯ ①-B-2

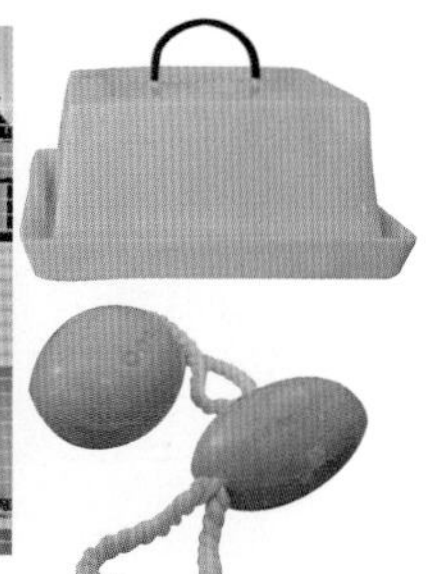

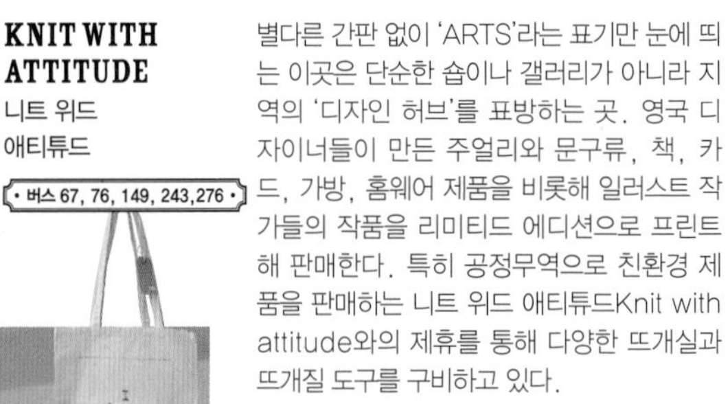

5.

KNIT WITH ATTITUDE
니트 위드
애티튜드

버스 67, 76, 149, 243, 276

별다른 간판 없이 'ARTS'라는 표기만 눈에 띄는 이곳은 단순한 숍이나 갤러리가 아니라 지역의 '디자인 허브'를 표방하는 곳. 영국 디자이너들이 만든 주얼리와 문구류, 책, 카드, 가방, 홈웨어 제품을 비롯해 일러스트 작가들의 작품을 리미티드 에디션으로 프린트해 판매한다. 특히 공정무역으로 친환경 제품을 판매하는 니트 위드 애티튜드Knit with attitude와의 제휴를 통해 다양한 뜨개실과 뜨개질 도구를 구비하고 있다.

127 Stoke Newington High St, Stoke Newington, N16 0PH
월-토 10:00-18:00
Map ··· ①-C-1

6.

MONOLOGUE
모놀로그

해크니 센트럴 역

현대적이고 고급스러운 콘셉트의 가구와 인테리어를 제안하는 디자인 숍이다. 잘 알려진 유명 디자이너보다는 아직 많이 알려지지 않은 신진 디자이너의 제품을 주로 소개하며, '독립 디자인 공간'을 추구하는 만큼 다른 곳에서 볼 수 없는 아이템도 많다. 넓지 않은 공간이지만 홈데코에 관심이 많은 이라면 마음이 끌리는 디자인을 만날 수 있을 것이다.

The Button Factory, 1 Darnley Rd, E9 6QH
월-금 09:30-17:00
Map ··· ①-C-2

7.

PRESENT & CORRECT
프레젠트 앤 컬렉트

홀본 역

프레젠트 앤 컬렉트는 두 명의 그래픽 디자이너가 2009년 오픈한 숍. 이들은 매년 수차례 여행을 통해 새로운 제품을 찾아오는데 주로 유럽의 빈티지 문구류가 많다. 문구류에 대한 애정이 넘치는 두 사람이 엄선해온 아이템을 감각적인 디스플레이로 전시해, 보는 이들의 수집 욕구를 불러일으킨다. 2023년 여름, 대영박물관 근처의 새로운 공간으로 이전해 더욱 다양한 문구류를 선보이고 있다.

12 Bury place, WC1A 2JL
화-토 12:00-18:30
Map ··· ②-E-2

8.

PENTREATH & HALL
펜트레스 앤 홀

러셀 스퀘어 역

들어서자마자 공간에 가득 퍼진 좋은 향기가 방문객을 반기는 이곳은 건축가이자 인테리어 디자이너인 벤 펜트레스와 장식 예술가인 브리디 홀이 함께 운영하는 인테리어 디자인 숍. 영국, 프랑스, 벨기에, 독일, 터키, 인도 등에서 가져온 독특한 소품을 판매한다. 특히 오리엔탈 감성이 깃든 아이템과 이색적인 석고 장식품이 많고, 프린트와 파인 아트 등 벽 장식품도 다양하게 갖췄다.

17 Rugby St, WC1N 3QT
화-토 11:00-18:00 Map ··· ②-F-1

넬리 더프가 자리한 콜롬비아 로드에는 일요일마다 플라워 마켓이 열린다. 꽃 시장을 함께 구경해도 좋지만 수많은 인파 때문에 소매치기가 빈번한 길이니 각별히 주의할 것.

9.

NELLY DUFF
넬리 더프

혹스턴 역
버스 26, 48, 55

'삶'의 속어인 '넬리 더프'라는 이름처럼 이곳은 상업 갤러리이지만 예술을 점잖은 것으로 취급하지 않는다. 예술가들의 분야를 한정하지 않고 타투와 그래픽 아티스트의 작품까지 전시, 판매하는데 런던에서 스트리트 아트를 작품으로 만들어 판매한 최초의 갤러리로도 꼽힌다. 좁은 공간이지만 2층까지 빼곡히 흥미진진한 작품들로 가득하다.

156 Columbia Rd, E2 7RG
수-금 9:00-18:00, 토 11:00-18:00, 일 9:00-17:00
Map ··· ①-C-3

10.

LUNA & CURIOUS
루나 앤 큐리어스

쇼디치 하이 스트리트 역

이스트 런던의 편집 매장 중 하나. 세 명의 크리에이티브 디렉터가 함께 운영하며, 장인정신이 깃든 영국 제품을 위주로 선보인다는 철학을 이어가고 있다. 문구류, 화장품, 액세서리, 아동복 등 다양한 제품을 갖췄고, 홈웨어와 세라믹 제품 등 루나 앤 큐리어스에서 자체적으로 디자인해 출시한 아이템도 만날 수 있다. 특히 아동 컬렉션과 소품이 많으니 선물 아이템을 구입해도 좋을 것.

24-26 Calvert Ave, Shoreditch, E2 7JP
월-토 11:00-18:00, 일 11:00-17:00
Map ··· ①-C-3

LIFE STYLE

HOUSE OF HACKNEY
하우스 오브 해크니

이곳은 미니멀리즘과 정반대의 분위기로 식물과 동물, 자연에서 가져온 야생적인 모티브를 활용한 화려한 아이템을 선보인다. 2011년 해크니에 살던 한 부부가 심플함이 주류를 이루는 분위기에 반해 대담한 벽지와 패브릭을 찾다가 직접 론칭한 것이 바로 이 브랜드. 론칭 이후 급격히 성장하며 이제는 여러 백화점에도 입점되어 있다. 고급스러우면서도 강렬한 시각적 즐거움을 선사하는 제품들 덕에 잠시 구경하는 것만으로도 다른 세계에 들어온 듯한 기분을 느끼게 된다.

올드 스트리트 역
ST MICHAEL'S CLERGY HOUSE, MARK ST, EC2A 4ER
월-금 09:00-16:45, 토 10:00-16:45
Map ··· ①-B-4

일상을 더 풍요롭게, 라이프스타일 숍

런던의 라이프스타일 숍들은 진정한 미니멀리스트를 위한 곳부터 화려함의 극치를 자랑하는 이색적인 숍까지, 거의 모든 취향을 만족시킨다 해도 과언이 아니다. 이곳에서 취향에 맞는 아이템을 찾는 건 어렵지 않을 듯!

LABOUR AND WAIT
레이버 앤 웨이트

쇼디치에 자리한 레이버 앤 웨이트는 일상 속에서 쓰는 실용적인 작업도구들도 얼마든지 고급스럽고 멋스러울 수 있다는 것을 보여주는 듯하다. '노동과 기다림'이란 이름처럼 이곳은 제품 하나하나가 클래식하며 과하지 않은 멋이 깃들어 있다. 깃털 먼지떨이를 포함한 청소도구들이나 심플한 문구류, 철제 소재의 정리함 등은 레이버 앤 웨이트에서 특히 눈에 띄는 아이템. 도버 스트리트 마켓 같은 편집숍에서도 레이버 앤 웨이트의 제품을 만날 수 있다.

쇼디치 하이 스트리트 역
85 REDCHURCH ST, E2 7DJ
월-일 11:00-18:00
Map ··· ①-C-4

LIFESTYLE SHOP

SCP

SCP

라이프스타일 숍 SCP가 소개하는 제품들은 실용적이면서 아름답다. 1985년 설립 이후 한 자리에서 30년 넘게 디자이너들과의 협업을 통해 창의적 디자인의 가구와 생활용품을 선보여왔다. 지금까지 톰 딕슨, 재스퍼 모리슨, 도나 윌슨 등 저명한 디자이너의 작품을 소개했고, SCP 자체 컬렉션도 선보여 영국 국내외에서 신뢰를 쌓아왔다. 2개 층에 소파와 책장 같은 가구와 다양한 조명, 가드닝 용품과 장식품까지 광범위한 라이프스타일 아이템을 구비하고 있다.

올드 스트리트 역

135-139 CURTAIN RD, EC2A 3BX

화-토 9:30-18:00

Map ···› ①-B-3

KENT & LONDON

켄트 앤 런던

좋은 재료를 사용해 견고한 맞춤 가구를 제작해주는 것으로 출발한 켄트 앤 런던의 쇼룸이다. 개인의 취향에 맞는 가구 스타일과 인테리어 디자인을 제안하며, 여러 텍스타일 디자이너들과의 협업으로 탄생한 홈웨어 제품도 소개한다. 제품을 많이 갖추고 있지는 않지만 가구와 인테리어, 라이프스타일에 관한 아이디어를 얻기 좋은 곳이다.

혹스턴 역

5 HACKNEY RD, E2 7NX

월-금 10:00-18:00

Map ···› ①-C-3

ARKET

아르켓

라이프스타일과 패션을 결합한 스웨덴 브랜드 아르켓은 현재 한국에도 진출했다. 런던에는 세계적 브랜드들의 플래그십 스토어가 줄지어 서 있는 리젠트 스트리트에 아르켓 플래그십 스토어가 자리하며, 이외에도 2개 매장을 더 운영하고 있다. 북유럽 특유의 미니멀하고 절제된 컬러를 사용한 의류와 주방용품, 가드닝 용품 등 라이프스타일 전 분야의 아이템을 선보인다.

옥스퍼드 서커스 역

224 REGENT ST, SOHO, W1B 3BR

월-토 10:00-21:00, 일 12:00-18:00

Map ···› ②-C-2

취향의 발견, 백화점과 편집숍

역사적인 백화점과 세련된 편집숍. 디스플레이를 둘러보는 것만으로도 절로 안목이 높아지는 기분이 드는 곳들이다.

HARRODS
해로즈 · 나이트브리지 역

87-135 BROMPTON RD, KNIGHTSBRIDGE, SW1X 7XL
월-토 10:00-21:00, 일 11:30-18:00
Map ··· ③-C-2

해로즈의 역사는 19세기 초에 시작됐다. 1824년 홍차 상인인 헨리 찰스 해로즈가 작은 가게를 설립한 것이 그 출발이며, 1849년 식료품 사업으로 확장하며 백화점의 기반을 다졌다. 오늘날에는 전 세계에서 손꼽히는 백화점 중 하나로 자리 잡았고, 영국 왕실에서도 해로즈의 제품을 사용해 왕실 납품업체로도 알려져 있다. 고급스러운 브랜드가 많이 입점해 세계의 부호들이 쇼핑하는 곳이기도 한데, 그만큼 건물 또한 웅장하고 기품 있는 위용을 자랑한다. 총 7개층에 내로라하는 브랜드들이 있고, 해로즈의 자체 브랜드로 출시한 아이템도 쉽게 찾아볼 수 있다. 특히 다양한 식재료를 모아둔 식품관은 빼놓지 말고 둘러봐야 할 장소다.

LIBERTY
리버티 · 옥스포드 서커스 역

REGENT ST, CARNABY, W1B 5AH
월-토 10:00-21:00, 일 11:30-20:00
Map ··· ②-C-2

런던 중심가에 자리한 리버티 백화점은 1875년 오픈한 건물. 16세기에 유행했던 튜더 양식을 새롭게 해석해 지은 목조건물이다. 실내의 목조 인테리어는 전통 있는 뮤지엄을 방문한 것 같은 기분이 들게 한다. 리버티는 해로즈나 셀프리지스보다 규모는 작지만 나름의 철학이 있는 디자이너 브랜드들을 엄선하므로 품질 좋고 개성 있는 제품들을 만날 수 있으며, 눈길을 끄는 라이프스타일 제품도 많다. 또 이곳의 상징처럼 여겨지는 '리버티 원단'도 빼놓을 수 없다. 설립자 아서 라젠비 리버티가 처음 판매한 것도 원단과 장식품. 자연으로부터 영감을 받은 패턴이 유명하며, 원단은 1m 단위로 재단해 구입할 수 있다. 문구류와 스카프 등 이 패턴으로 만들어진 제품도 리버티의 대표 아이템들이다.

SELFRIDGES
셀프리지스 — 본드 스트리트 역

400 OXFORD ST, MARYLEBONE, W1A 1AB
월-금 10:00-22:00, 토 10:00-21:00, 일 11:30-18:00 Map ⋯→ ②-B-2

해로즈에 이어 영국에서 두 번째로 규모가 큰 백화점은 셀프리지스다. 공간 구성이 쾌적하고 쇼핑 환경이 현대적이라 런던의 여러 백화점 중에서는 한국의 백화점과 가장 비슷한 느낌을 받을 수 있지만 이곳 또한 1909년 문을 열어 그 역사가 100년이 훌쩍 넘었다. 명품 브랜드부터 비교적 합리적인 가격대의 브랜드까지 다양하게 갖췄고, 특히 라이프스타일 브랜드들을 모아놓은 지하에서는 주방용품과 테이블웨어 브랜드를 폭넓게 만날 수 있다. 셀프리지스는 쇼윈도 디스플레이가 유명한 백화점이므로 외관의 쇼윈도 또한 그냥 지나치지 말 것. 패션 브랜드의 정체성을 예술적으로 표현해 그 자체가 하나의 볼거리다.

도버 스트리트 마켓의 맨 위층에는 로즈 베이커리가 자리한다. 클립슨 앤 선스의 원두를 사용하는 커피가 특히 맛있고 식사하기 좋은 메뉴가 있으니 천천히 매장을 둘러보다 쉬어가기 좋은 장소다.

GOODHOOD
굿후드 — 올드 스트리트 역

151 CURTAIN RD, LONDON EC2A 3QE
월-수 11:00-18:00, 목-토 11:00-18:30, 일 12:00-18:00 Map ⋯→ ①-B-3

이스트 런던에서 특히 셀렉션이 좋은 편집숍으로는 쇼디치에 자리한 굿후드를 꼽을 수 있다. 이곳은 런던 최고의 멀티 편집숍을 꼽을 때 빠지지 않고 등장하는 이름이다. 도버 스트리트 마켓보다는 규모가 작은 편이지만 2개 층에 의류, 라이프스타일 브랜드, 화장품 등 총 200여 개의 브랜드를 만날 수 있고 '굿즈 바이 굿후드Goods by Goodhood'라는 이름의 자체 컬렉션도 선보인다. 품질이 뛰어나면서 디자인이 독특한 아이템을 엄선하므로 자신만의 개성을 추구하는 젊은층으로부터 꾸준한 사랑을 받고 있는 곳이다.

DOVER STREET MARKET
도버 스트리트 마켓 — 피카딜리 서커스 역

18-22 HAYMARKET, SW1Y 4DG
월-토 11:00-19:00, 일 12:00-18:00 Map ⋯→ ②-D-3

디자이너 브랜드의 제품을 선별해 판매하는 도버 스트리트 마켓은 콤 데 가르송의 디자이너 레이 카와쿠보가 2004년 오픈한 곳이다. 런던에서의 성공 이후 베이징, 도쿄, 뉴욕, 싱가포르에도 오픈하며 세계적인 편집 매장으로 성장했다. 지하 1층, 지상 4층의 백화점 규모 건물로 알렉산더 맥퀸, 끌로에, 질 샌더, 로에베 등 이미 잘 알려진 브랜드와 새롭게 떠오르고 있는 영국 디자이너들의 브랜드가 입점되어 있다. 물론 꼼 데 가르송의 제품을 찾아온 이들 또한 만족할만한 셀렉션을 갖췄는데 다른 곳에서 찾아볼 수 없는 리미티드 아이템도 많은 편. 각 제품을 돋보이게 해주는 예술적인 인테리어와 디스플레이도 인상적이다.

산책하듯 쇼핑하기, 런던의 쇼핑 명소

이곳에서라면 특정 브랜드를 찾아 헤맬 필요가 없다.
코벤트 가든과 올드 스피탈필즈 마켓은 발길 가는 대로
자연스럽게 둘러보기 좋은 쇼핑 명소들. 산책하듯 둘러보며
마음에 드는 물건을 찾아보는 건 어떨까.

• COVENT GARDEN •

코벤트 가든

본래 코벤트 가든은 17세기 영국 최대의 청과물 시장이었다. 1974년 청과물 시장은 이전해갔는데 이후 이곳에는 여러 레스토랑과 브랜드 숍이 들어서며 현지인이나 관광객들 모두가 즐겨 찾는 런던의 주요 명소가 됐다. 무엇보다 이곳은 여러 브랜드가 서로 멀지 않은 곳에 자리하므로 산책하는 기분으로 쇼핑을 하기에도 최적의 장소다. 광장 앞 로열 오페라 하우스 근처에는 멀버리, 롤렉스 등의 매장이 줄지어 서 있고, 코벤트 가든의 실내 아케이드에는 위타드, 밀러 해리스 등 여행자들이 관심을 가질 만한 영국 브랜드들이 있다. 또 코벤트 가든 내 자리한 애플 마켓은 여러 좌판에서 수공예품이나 패션 아이템 등을 판매하며 활기 넘치는 시장 분위기를 형성한다. 코벤트 가든은 실내 아케이드라 비오는 날에도 변함없이 쇼핑할 수 있다는 것이 최대 장점. 물론 주변에도 다양한 숍이 몰려있는데 아케이드를 벗어나 킹 스트리트로 접어들면 조 말론 부티크가 자리하고, 코벤트 가든 역 쪽으로 올라가다 보면 아르켓, 폴 스미스 등 여러 브랜드를 만날 수 있다.

Tip

언더그라운드 코벤트 가든 역은 항상 붐비는 곳이라 역 밖으로 나오는 데까지 꽤 많은 시간이 소요된다. 특히 혼잡한 주말에는 코벤트 가든 역 대신 레스터 스퀘어 역에서 내려 조금 걷는 편이 낫다.

[코벤트 가드 역] [레스터 스퀘어 역]
THE MARKET BLDG, WC2E 8RF
월 10:00–18:00, 화–일 10:00–19:30
Map ⇢ ②-E-3

올드 스피탈필즈 마켓

이스트 런던의 대표적인 쇼핑 스폿으로는 올드 스피탈필즈 마켓을 꼽을 수 있다. 이름은 시장이지만 재래시장과는 확연히 다른 분위기. 오히려 쾌적한 실내 마켓이고 글로벌 브랜드가 많다는 점에서 코벤트 가든과 비슷하다. 이곳 역시 17세기에 출발한 오랜 역사가 있는데 큰 변화를 맞은 것은 비교적 최근이다. 몇 차례의 레노베이션을 거쳐 통유리 천장을 가진 현대적 공간으로 바뀌었는데, 특히 2017년 건축가 노먼 포스터가 이끄는 건축설계회사 포스터 앤 파트너스가 마켓의 부스를 새롭게 디자인하면서 완전히 다른 분위기로 거듭났다. 마켓 내에 70여 개의 판매 부스가 있고 갖가지 음식을 맛볼 수 있는 식당가 더 키친스The Kitchens가 자리한 구성. 올드 스피탈필즈 마켓에서는 지역 아티스트들이 만든 수공예품부터 유명 브랜드의 제품까지 한꺼번에 만날 수 있다. 그리고 건물 바깥 쪽에는 눈여겨봐야 할 브랜드 숍들이 모여 있는데, 머캔타일Mercantile은 다양한 남녀 패션 브랜드를 모아둔 편집숍으로 편안하면서도 빈티지 느낌이 나는 제품이 많은 곳. 이외에도 멀버리, 심플 웍스, 컬렉티프 같은 여러 브랜드들이 마켓 건물에 함께 입점해 있다.

[리버풀 스트리트 역]
16 HORNER SQUARE, E1 6EW
월–금 10:00–20:00, 토 10:00–18:00, 일 10:00–17:00
Map ⇢ ①-C-4

• OLD SPITALFIELDS MARKET •

SHOPPING

영국 감성 가득한 패션 브랜드들

런던에서 쇼핑을 할 때 특히 주목해야 할 것은 영국 브랜드들. 이미 한국에 론칭한 브랜드라 해도 가격이 더 저렴하거나 한국에서 만날 수 없던 제품을 구입할 수 있고, 아직 한국에 소개되지 않았지만 디자인과 퀄리티가 뛰어난 브랜드도 많기 때문이다. 영국 패션 브랜드들, 어떤 게 있을까?

1 STELLA MCCARTNEY 스텔라 매카트니

그린 파크 역

23 OLD BOND ST, W1S 4PZ

월-토 10:00-18:30, 일 12:00-18:00 **Map** ⋯→ ②-C-3

비틀즈의 멤버였던 폴 매카트니와 사진가 린다 매카트니의 딸인 스텔라 매카트니는 패션 디자이너다. 2001년 자신의 이름을 건 첫 번째 컬렉션을 선보인 뒤 영국에서 주목 받는 디자이너로 떠올랐다. 여성 의류와 액세서리, 아이웨어, 향수, 키즈 컬렉션 등이 있으며 최근 남성 컬렉션도 출시했다. 채식주의자인 그녀의 철학을 반영해 동물 가죽을 사용한 제품이 없다는 것이 특징.

2 MARGARET HOWELL 마가렛 호웰

옥스포드 서커스 역

63 MARGARET ST, FITZROVIA, W1W 8SW

월-토 10:00-18:00

Map ⋯→ ②-C-2

베이식하고 자연스러운 느낌의 옷으로 마니아층을 형성하고 있는 브랜드. 디자이너 마가렛 호웰이 1970년 루즈한 핏의 남성 셔츠를 발표한 것이 브랜드의 시작이며, 영국의 전통적 스타일을 탈피했다는 반응을 얻으며 주목 받은 뒤 여성 컬렉션도 출시했다.

3 WHISTLES 휘슬스

본드 스트리트 역

12-14 ST CHRISTOPHER'S PL, MARYLEBONE, W1U 1NH 월-수 10:00-18:30, 목-토 10:00-19:00, 일 12:00-18:00 **Map** ⋯→ ②-B-2

현대적인 감각의 디자인을 선보이는 브랜드로, 핏이 예쁘다는 평가를 받으며 직장 여성들의 사랑을 받고 있다. 한국에는 잘 알려지지 않았지만 소재가 좋고 평소 자주 입을 수 있는 디자인이 많으니 런던에서 한번쯤 구경해보길. 본드 스트리트 역과 멀지 않은 곳에 자리한 매장에서 여성 컬렉션과 남성 컬렉션을 한번에 둘러볼 수 있다.

4 BARBOUR

바버

레스터 스퀘어 역

ST MARTINS COURTYARD, 134 LONG ACRE, COVENT GARDEN, WC2E 9AA

월-토 10:00-20:00, 일 12:00-18:00

Map ⋯ ②-E-3

1894년 존 바버가 설립해 5대째 이어지고 있는 가족 경영 패션 브랜드. 바버의 상징과도 같은 왁스 코팅 재킷이 가장 유명하고 니트류 역시 뛰어난 퀄리티를 자랑한다. 이미 한국에서도 바버 재킷은 많은 인기를 누리고 있는데, 런던에서는 더 다양한 제품을 만날 수 있으니 중심가 곳곳에 있는 매장을 찾아가보자.

5 ALEXANDER MCQUEEN

알렉산더 맥퀸

그린 파크 역

27 OLD BOND ST, W1S 4QE

월-토 10:30-18:30, 일 12:00-18:00

Map ⋯ ②-C-4

'패션계의 악동'으로 불린 알렉산더 맥퀸은 과감하고 예술적인 디자인으로 매 시즌마다 화제를 낳은 디자이너. 해골 이미지를 모티브로 삼은 스카프는 브랜드의 상징과도 같다. 그는 2010년 스스로 생을 마감했지만 실험적이고 창조적인 그의 브랜드는 마니아들로부터 지속적으로 사랑받고 있다. 2011년 케이트 미들턴이 결혼식 때 알렉산더 맥퀸의 드레스를 입기도 했다.

6 JIGSAW

직소

차링 크로스 역

441 STRAND, WC2R 0QN

월-토 10:00-19:00, 일 12:00-18:00

Map ⋯ ②-E-3

직소는 디자인이 유행을 타지 않으면서 원단이 고급스러운데 특히 니트와 울, 린넨 소재가 훌륭하다. 매건 마클이 공식석상에서 직소의 스카프를 두른 모습이 화제가 되기도 했다. 런던 곳곳에서 매장을 쉽게 발견할 수 있다.

7 BURBERRY

버버리

피카딜리 서커스 역

121 REGENT ST, MAYFAIR, W1B 4TB

월-토 10:00-20:00, 일 11:30-18:00

Map ⋯ ②-C-3

영국의 대표적인 명품 브랜드라면 토마스 버버리가 1856년 런칭한 버버리를 꼽을 수 있겠다. 클래식한 트렌치 코트부터 머플러, 가방, 지갑까지 버버리를 상징하는 체크 무늬의 아이템은 오래도록 사랑 받고 있다. 아웃렛인 버버리 팩토리는 해크니 지역에 자리하며, 세계 최대 규모의 버버리 매장인 본점은 리젠트 스트리트에 자리한다.

8 ASPINAL OF LONDON

아스피날 오브 런던

피카딜리 서커스 역

16 REGENT STREET SAINT JAMES'S, SW1Y 4PH

월-수·토 10:00-18:00, 목·금 10:00-19:00, 일 12:00-18:00 Map ⋯ ②-D-3

핸드메이드 가죽 제품 브랜드인 아스피날 오브 런던은 럭셔리 브랜드 중에서도 가격 대비 퀄리티가 뛰어나 인기를 누리고 있다. 남녀 가방과 지갑, 벨트 외에도 캐시미어 스카프, 주얼리 등 제품군이 매우 다양하고, 다이어리와 펜 등 문구류와 핸드폰 케이스처럼 선물하기에 적합한 아이템도 많다. 리젠트 스트리트에 위치한 매장을 포함해 중심가 여러 곳에서 만날 수 있다.

9 PAUL SMITH
폴 스미스

본드 스트리트 역

23 AVERY ROW, MAYFAIR, W1K 4AX
월-토 11:00-18:00, 일 12:00-18:00
Map ⋯→ ②-B-3

컬러풀한 스트라이프 무늬로 유명한 폴 스미스는 영국적인 클래식함에 위트를 더했다는 평가를 받는다. 엉뚱한 면이 있지만 경박스럽지 않은 점이 이 브랜드의 매력. 디자이너 폴 스미스는 영국 패션산업에 기여한 공로로 기사 작위를 받기도 했다. 런던 중심가에서 쉽게 만날 수 있는데 본드 스트리트 역 근처에 아웃렛이 있고, 히드로 공항에도 입점해 있다.

10 REISS
리스

옥스포드 서커스 역

172 REGENT ST, SOHO, W1B 5TH
월-토 10:00-20:00, 일 11:30-18:00
Map ⋯→ ②-C-3

영국 왕세손비 케이트 미들턴이 공식석상에서 자주 입으며 인기를 끈 브랜드. 2018년 봄에는 한국에도 론칭했다. 1971년 데이비드 리스가 맞춤복 매장을 연 것이 브랜드의 시작이며, 남성과 여성의 '비즈니스 캐주얼'에 적합한 의상을 고급스러운 디자인으로 선보인다. 런던 곳곳에 매장이 많으며 히드로 공항 5 터미널에도 입점되어 있다.

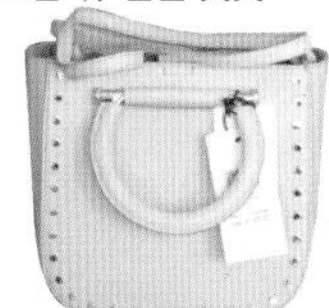

11 LOAKE SHOEMAKERS
로크 슈메이커스

피카딜리 서커스 역

39C JERMYN STREET, SW1Y 6DN
월-토 10:00-18:00, 일 11:00-17:00 Map ⋯→ ②-C-4

1880년 설립돼 5대째 장인정신을 계승하고 있는 수제 구두 브랜드. 1894년 지은 공장에서 고급 기술인 '굿이어 웰트Goodyear welted' 제법을 고수하며 영국 신사화의 클래식하고 견고한 이미지에 부합하는 제품을 생산한다. 50개국 이상에 수출하며 한국에서도 만날 수 있는데, 런던에는 5개의 단독 매장이 있다. 중후한 느낌의 숍에서 세심한 서비스를 받을 수 있을 것.

12 OLIVER SPENCER
올리버 스펜서

러셀 스퀘어 역

62 LAMB'S CONDUIT ST, WC1N 3LW
월-토 10:30-18:30, 일 12:00-17:00 Map ⋯→ ②-F-1

디자이너 올리버 스펜서가 2002년에 설립한 남성 브랜드로 트렌디하면서도 실용적인 옷을 추구한다. 특유의 절제미를 유지하면서 매 시즌 개성 있는 디자인과 색다른 컬러 조합을 선보이고 있다. 아직 한국에 소개되지 않은 브랜드 중 하나이므로 남성 의류 쇼핑에 관심이 있다면 매장에 들러보는 것도 좋겠다. 런던에 총 3개 매장이 있다.

런던의 앤티크 마켓들

트렌드를 쫓지 않고 오랜 시간 고유한 멋을 간직해온 물건을 만날 수 있는 곳, 바로 앤티크 마켓이다. 런던에서 오랜 시간 사랑 받고 있는 크고 작은 앤티크 마켓들을 소개한다.

PORTOBELLO MARKET
포토벨로 마켓

노팅힐 게이트 역
Portobello Rd, London W11 1AN
토 9:00-19:00
Map → ③-B-1

영국의 대표적인 앤티크 마켓으로 꼽히는 포토벨로 마켓은 노팅힐 지역에서 가장 유명하며 많은 이들에게 사랑받는 곳이다. 19세기 청과물 시장으로 출발한 뒤 1940년대부터 앤티크 상인들이 이곳에 자리를 잡으며 성장했다. 앤티크 마켓이 열리는 날은 매주 토요일. 포토벨로 로드에 카페, 레스토랑과 함께 여러 앤티크 제품을 판매하는 노점상이 줄지어 들어선다. 상점 안에는 가구와 인테리어 소품들이, 좌판에는 예쁜 찻잔과 은제 식기, 액세서리들이 펼쳐져 있으며 여행을 기념하기 위해 구입할 만한 소품도 많다. 다만 런던의 마켓 중에서는 관광객들에게 가장 잘 알려진 명소이니 조금 덜 붐비는 시간에 둘러보길 원한다면 오전 중에 방문하길 권한다.

CAMDEN PASSAGE MARKET
캠든 패시지 마켓

엔젤 역
1 Camden Passage, N1 8EA
수 9:00-18:00, 토 8:00-18:00, 일 11:00-18:00
Map ··· ①-B-3

아기자기한 상점들이 많은 이즐링턴 지역의 캠든 패시지는 차가 다니지 않는 거리에 앤티크 숍과 라이프스타일 숍, 레스토랑, 카페 등이 모여 있는 곳. 그 중심에는 캠든 패시지 마켓이 있다. 1950년대 이후로 런던의 주요 앤티크 마켓 중 하나로 꼽히는 캠든 패시지 마켓은 포토벨로 마켓과 확연히 다른 분위기. 규모는 그보다 작지만 주인장의 취향이 반영된 개성 있고 감각적인 숍들이 자리한다. 앤티크 숍은 평소에도 문을 열지만 장이 서는 수요일과 주말에는 서적과 액세서리, 테이블웨어 등을 판매하는 노점들이 들어선다. 캠든 패시지 마켓의 진면목을 만나고 싶다면 마켓이 열리는 날 방문할 것.

런던의 앤티크 마켓들

1. 버몬지 스퀘어 앤티크 마켓
Bermondsey Square Antique Market

버몬지 스퀘어에서 매주 금요일 새벽 6시부터 오후 2시까지 열리는 야외 앤티크 마켓. 세계 각국의 골동품을 판매한다.

2. 알피스 앤티크 마켓
Alfies Antique Market

말리본 지역의 앤티크 마켓으로 건물 5개 층에 70여 개의 앤티크 숍이 있고, 루프톱의 레스토랑에서는 전망을 즐기며 식사할 수 있다.

3. 그레이스 앤티크 마켓
Grays Antique Market

메이페어에 자리한 마켓 건물 내에 100여 개 매장이 모여있으며 앤티크 액세서리의 종류가 특히 다양하다.

4. 버본 한비 아케이드
Bourbon Hanby Arcade

첼시 지역의 앤티크 아케이드. 파인 아트와 주얼리 등 다른 앤티크 마켓보다 고급스러운 제품이 많고 유명 딜러들의 숍이 있다.

세월이 더해준 멋스러움

런던은 빈티지나 앤티크를 주제로 쇼핑하기에도 매우 이상적인 곳이다. 세월이 깃든 물건에 매료되는 이라면 이 페이지에 주목하길.

아티카

더 올드 시네마

THE OLD CINEMA
더 올드 시네마

턴햄그린 역

160 CHISWICK HIGH RD, CHISWICK, W4 1PR
월-토 10:00-18:00, 일 12:00-17:00 Map → ③-A-2

입구에 '앤티크, 빈티지, 레트로'라는 단어를 내건 더 올드 시네마는 1979년 문을 연 앤티크와 빈티지 숍이다. 이름처럼 1908년부터 1934년까지는 영화관이기도 했다. 영국뿐 아니라 유럽 전역과 인도 등 다양한 국가에서 온 물건들로 채워져 있어 백화점처럼 쇼핑 환경이 쾌적하고, 제품 디스플레이는 실제 집을 꾸며놓은 듯하다.

H. J. 아리스

ATIKA
아티카

쇼디치 하이 스트리트 역

55-59 HANBURY ST, E1 5JP
월-토 11:00-19:00, 일 12:00-18:00 Map → ①-C-4

유명한 빈티지 의류 매장 블리츠Blitz가 2018년 4월부터 '아티카'라는 이름으로 브랜드를 변경했다. 1970년대 후반부터 2000년대 초반까지의 제품 2만 여 점을 선보이며 버버리와 바버 같은 고급 브랜드 제품과 스포츠 브랜드, 그리고 데님 소재를 다양하게 갖추고 있다. 브랜드 변경을 계기로 라이프스타일 숍으로 거듭났으니 더욱 폭넓은 아이템을 만날 수 있을 것.

ROKIT
로킷

쇼디치 하이 스트리트 역

101 BRICK LN, E1 6SE
월-일 11:00-19:00
Map → ①-C-4

1986년 캠든에서 출발해 현재는 쇼디치, 코벤트 가든, 캠든 세 곳에 매장을 운영하는 대형 빈티지 숍이다. 1930년대부터 1990년대까지의 광범위한 아이템을 만날 수 있다. 일상적으로 입을 수 있는 의류도 많지만 파티나 특별한 행사를 위한 독특한 의상이 필요할 때 방문하면 좋을 듯하다.

BEYOND RETRO
비욘드 레트로

옥스포드 서커스 역

19-21 ARGYLL ST, W1F 7TR
월-토 10:00-20:00, 일 12:00-18:00
Map → ②-C-2

영국과 스웨덴에 숍이 있는 빈티지 의류 전문점. 시장 조사와 데이터 분석을 통해 트렌드의 흐름을 세심하게 파악하고 독특한 빈티지 아이템을 찾아오는데, 기대 이상으로 파격적인 디자인을 심심찮게 만날 수 있다. 2002년 이스트 런던에 첫 번째 숍을 오픈했고 현재 소호, 달스턴, 킹스 크로스 등에 지점이 있다.

H.J.ARIS
H. J. 아리스

달스턴 정션 역

11 DALSTON LN, E8 2LX
월-목 7:00-17:00, 금 7:00-19:00, 토 10:00-19:00, 일 10:00-17:00 Map → ①-C-2

건물 모서리에 난 입구가 묘하게 사람을 끄는 이곳은 달스턴에 자리한 카페이자 앤티크 숍. 내부에는 온갖 오래된 물건들이 자리한다. 단순히 세월이 오래된 것만은 아니며, 하나 같이 기이한 멋이 있다. 다락방 같은 2층 공간에도 앤티크 가구와 소품이 가득하다. 낯선 매력이 느껴지는 공간에서 커피 한잔 즐기며 쉬어가는 것도 특별한 경험이 될 듯.

HUNKY DORY VINTAGE
헝키 도리 빈티지

쇼디치 하이 스트리트 역

226 BRICK LN, E1 6SA
월-일 11:30-19:00 Map → ①-C-4

규모는 작지만 런던 최고의 빈티지 숍을 꼽을 때 빠지지 않고 이름을 올리는 곳이다. 아이템을 선별하는 두 주인장의 탁월한 감각 덕분. 쇼디치에 숍을 오픈한 것은 2008년이지만 그들은 다른 곳에서 25년 이상 빈티지 매장을 운영해왔다. 1940년대에서 1980년대의 남녀 의류를 취급하며, 특히 남성 컬렉션이 뛰어나다는 평. 이들의 안목을 신뢰하는 단골 고객들이 자주 찾고 있다.

LASSCO
라스코

런던 브리지 역, 버몬지 역

37 MALTBY ST, SE1 3PA
수-금 12:00-22:00, 토 · 일 10:00-22:00
Map → ④-C-4

1970년대 초반 설립된 앤티크 회사로 버몬지와 복스홀 2곳에 매장이 있다. 영국 각지에서 온 크고 작은 앤티크 가구와 인테리어 소품들, 신기한 골동품, 각기 다른 역사와 스토리가 깃든 제품이 모였다. 버몬지의 라스코는 몰트비 마켓에 위치해 역동적인 분위기가 있고, 복스홀 매장은 보다 규모가 크며 레스토랑이 함께 자리한다.

WELCOME TO
LONDON

런던 여행을 기억할 만한 아이템,
어떤 게 좋을까? 지인에게,
그리고 스스로에게 의미 있는 선물이 될
아이템들을 추천한다.

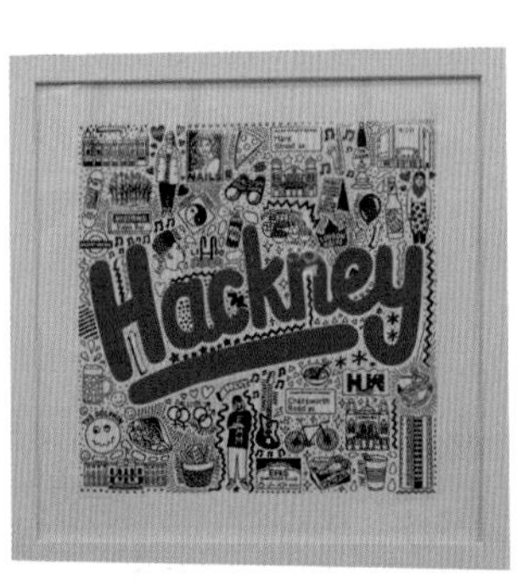

'위 빌티 디스 시티'의
캔버스 백

식상하지 않은 런던 기념품

빅벤이나 타워브리지 같은 관광명소나 빨간 버스와 빨간 공중전화 부스 등 런던을 상징하는 요소들을 새긴 기념품은 조금 전통적인 느낌이다. 하지만 그런 것들이 런던을 기억하게 해주는 것 또한 사실. 그렇다면 런던의 상징을 보다 독특한 디자인으로 표현한 아이템이 필요하다. 테이트 모던이나 내셔널 갤러리 등 여행자들이 많이 찾는 갤러리의 숍에서 판매하는 상품들이 고급스러우면서 흔치 않은 디자인이다. 또한 남다른 기념품을 파는 디자인 숍도 있는데, '위 빌트 디스 시티We Built This City'는 '혁신적인 기념품'을 모토로 내걸고 아티스트들이 디자인한 기념품을 선보인다. 원래 카나비 스트리트에 매장이 있었지만 팬데믹 이후 임시 휴업 상태다. 대신 www.webuilt-thiscity.com 웹사이트에서 디자인 상품을 소개하고 다양한 아티스트들의 작업을 구입할 수 있도록 정보를 제공하고 있다. 머그잔과 티타월부터 파우치, 액자 등 디자인과 일러스트가 예쁜 제품들을 살펴보며 선물 아이템에 대한 아이디어를 얻을 수 있다.

비타민과 건강보조식품

런던 곳곳에서 쉽게 지점을 찾을 수 있는 홀랜드 앤 바렛Holland & Barrett은 1870년 설립돼 150여 년 전통이 있는 영국 최고의 건강식품 회사. 유명 비타민 브랜드의 제품을 갖추고 있을 뿐만 아니라 자체 브랜드의 제품들이 다양한데, 전 연령층에 적합한 비타민과 기능성 비타민을 찾을 수 있다. 무엇보다 홀랜드 앤 바렛이 오래도록 사랑받는 이유는 합리적인 가격이다. 종종 '페니 세일penny sale'을 하는데 하나를 구입하면 동일한 제품을 1페니에 살 수 있는, 말하자면 거의 하나 가격에 두 개를 살 수 있는 행사다. 비타민과 건강보조식품 외에도 견과류와 간편한 식사대용 식품 등 수천 가지의 제품이 있어 선택의 폭이 넓고, 선물용으로 좋은 오가닉 식품도 많다. 한국에도 론칭했지만 현지에서 훨씬 더 다양한 제품을 찾아볼 수 있으니 참고할 것.

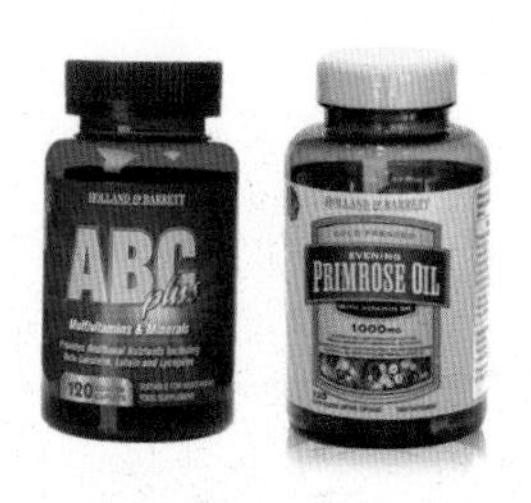

밀러 해리스 비누

영국 뷰티 브랜드의 제품들

영국의 주요 뷰티 브랜드들의 제품도 눈여겨봐야 할 선물 아이템. 가장 유명한 조 말론 런던Jo Malone London은 한국에서 구입하는 것보다 확실히 저렴한 가격이다. 다양한 향을 시향해 보고 취향에 맞는 것을 골라보길. 런던 시내 여러 개의 매장과 히드로 공항 면세점에서 만날 수 있다. 오가닉 브랜드 닐스 야드 레메디스Neal's Yard Remedies도 영국에서 구입해볼 만한 뷰티 브랜드. 유기농 인증을 받은 원료를 사용한 친환경 브랜드로 기본적인 스킨 케어와 바디 케어 외에도 디퓨저와 베이비 컬렉션이 있어 선물하기에 좋다. 가장 유명한 제품은 와일드 로즈 뷰티 밤. 단, 유기농 제품이니 권장하는 유통기한은 개봉 후 3개월 정도다. 니치 향수 브랜드인 밀러 해리스Miller Harris도 선물용으로 좋은 제품들이 많다. 조향사 린 해리스Lyn Harris가 2000년 런던을 기반으로 설립한 브랜드로, 향수 외에도 비누와 향초 등 다양한 제품을 만날 수 있다. 코벤트 가든을 비롯해 런던 중심가에 2개의 매장을 운영하고 있다.

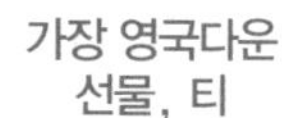

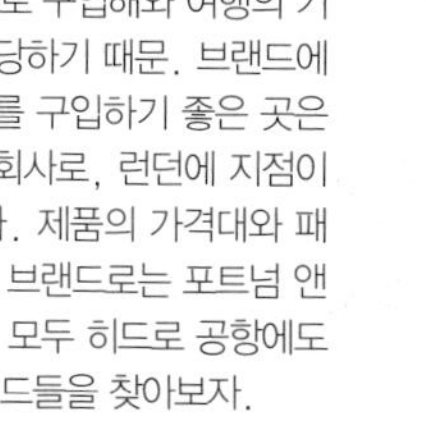

선물하기 좋은 인퓨저 세트

가장 영국다운 선물, 티

런던 여행의 쇼핑 리스트에서 빠지지 않는 것이 바로 티일 것이다. 기념으로 구입해와 여행의 기억을 떠올리며 마셔도 좋고, 케이스가 예쁜 제품이 많아 선물하기에도 적당하기 때문. 브랜드에 따라 한국에서 구입하는 것과 가격 차이가 많이 나기도 한다. 선물용 티를 구입하기 좋은 곳은 위타드Whittard. 1886년 월터 위타드가 설립해 역사가 130년이 넘은 회사로, 런던에 지점이 많아 쉽게 찾을 수 있으며 코벤트 가든의 매장이 2개 층으로 규모가 크다. 제품의 가격대와 패키지가 다양하고 시즌에 따라 한정적으로 선보이는 제품도 있다. 또 다른 브랜드로는 포트넘 앤 메이슨 역시 선물하기 좋고, 해로즈 백화점의 티도 고급스러운 느낌이다. 모두 히드로 공항에도 입점해 있으니 시내에서 미처 선물을 구입하지 못했다면 공항에서 이 브랜드들을 찾아보자.

PLACES TO STAY

숙소는 종종 여행의 질을 결정한다. 예산에 따라 선택하더라도 취향이 반영되기 마련. 런던의 수많은 숙소들 중에는 독특한 디자인으로 마니아를 형성한 곳도 있고 스타일 좋은 이들이 모여드는 카페와 라운지를 갖춘 곳도 있다. 단순한 잠자리 이상으로, 취향과 라이프스타일이 느껴지는 공간이다.

© CITIZENM HOTELS AND RICHARD POWERS

취향에 맞는 숙소 찾기

런던은 전 세계의 여행자들과 비즈니스맨들이 찾는 글로벌 도시인 만큼 전통 있는 특급 호텔부터 합리적인 가격의 체인 호스텔까지 숙소도 매우 다양하다. 선택의 범위가 넓으니 개인의 스타일에 맞는 숙소를 찾는 것도 어렵지 않다. 가장 먼저 고려할 것은 위치와 예산. 중심가에서 멀어질수록 상대적으로 가격이 저렴하지만 많은 볼거리들이 시내 중심가인 1존에서 몰려 있으므로 되도록 1-2존 내에 머무는 것이 시간을 아낄 수 있다. 버스나 지하철 정류장에서 멀지 않은지 확인하고, 예약 사이트에서 후기나 평점을 살펴보는 것도 중요하다. 위치와 예산이 적당하고 평이 좋은 숙소들을 몇 군데 추렸다면 잘 알려진 브랜드에 묵을지, 고유의 스타일이 있는 개성 있는 숙소를 선택할지 결정해야 할 것. 이 책에서는 부티크 호텔이나 디자인 호텔처럼 개성 있는 숙소들을 위주로 소개한다.

COURTHOUSE HOTEL SHOREDITCH

코트하우스 호텔 쇼디치

올드 스트리트 역

335-337 Old St, EC1V 9LL

Map ··· ①-B-3

개성 있는 5성급 호텔로, 쇼디치에서 특급 호텔의 시설과 서비스를 누리고 싶다면 단연 첫 순위로 고려해볼 만한 곳이다. 이곳은 과거 치안 법원과 경찰서였고 런던의 여러 유명 사건을 다루며 재판을 하던 건물. 2016년 럭셔리한 부티크 호텔로 새단장해 문을 열었는데 웅장한 바로크 양식 건물의 외관에서 그 역사를 짐작할 수 있다. 내부는 대대적인 리노베이션을 통해 세련된 시설을 갖췄고, 86개의 객실과 42개의 스위트룸을 마련했다. 객실마다 독특한 디자인을 적용해 감각적이면서도 고급스러운 분위기. 또 호텔 내에 영화관과 실내 수영장, 스파 등 편리한 부대시설이 있다. 옛 공간을 연상시키는 흥미로운 이름의 '판사와 배심원Judge and Jury'은 법정 분위기를 그대로 살린 멋스러운 레스토랑. 신선한 식재료를 사용한 모던 브리티시 퀴진을 맛볼 수 있는데 특급 호텔에 자리한 레스토랑이지만 가격이 그리 비싸지 않다. 또 한 곳 빼놓을 수 없는 장소는 런던의 스카이라인을 감상할 수 있는 '쇼디치 스카이 테라스Shoreditch Sky Terrace'다. 평일 오후 3시부터 밤 11시, 주말에는 정오부터 밤 11시까지 운영하는 이곳은 저녁 시간에 야경을 즐기며 칵테일이나 와인 한 잔을 마시기 좋은 장소. 여름에는 종종 야외 바비큐 메뉴를 운영하기도 한다.

TIP

더 필그림 호텔 바로 근처에 자리한 패딩턴 역은 영화 〈패딩턴〉의 배경이 된 장소. 많은 여행객들과 런더너들의 바쁜 발걸음에서 활기가 느껴진다.

© JASON BAILEY

THE PILGRM
더 필그림

패딩턴 역

25 London St, Paddington, W2 1HH
Map ··· ③-C-1

빅토리아풍 건축을 모던한 객실로 탈바꿈시킨 부티크 호텔로, 2017년 패딩턴 지역에 문을 열었다. 1층은 모두에게 오픈된 카페. 들어서자마자 리셉션 카운터 대신 작은 바와 위층으로 이어지는 200년 된 마호가니 계단이 눈에 들어온다. 73개의 객실 또한 본래의 공간이 가진 분위기를 섬세하게 반영한 설계다. 아름다운 나뭇결이 살아있는 인테리어는 빈티지한 매력이 느껴지고, 엄선해 비치해둔 라이프스타일 잡지, 마샬 스피커, 독특한 디자인의 연필과 봉투, 화장실에 놓인 클래식한 디자인의 비누 하나하나로부터 시간의 가치를 소중히 여기는 이곳만의 정서가 느껴진다. 객실에 놓인 예쁜 문구 제품들과 영국 프리미엄 화장품 브랜드 렌REN의 어메니티는 가져가도 되고, 호텔에서 추가로 구입할 수도 있다. 호텔 내에는 식사를 하고 와인이나 칵테일, 맥주를 즐길 수 있는 라운지가 있는데, 분위기가 좋고 가격 또한 합리적이다. 더 필그림의 가장 큰 장점 중 하나는 위치. 교통의 중심지인 패딩턴에 자리한 덕분에 시내 다른 곳으로 이동하기에 편리하다. 히드로 공항에서도 히드로 익스프레스를 이용하면 패딩턴 역까지 15분이면 도착하고 역에서 호텔까지는 도보로 3분 거리다.

© CITIZENM HOTELS AND RICHARD POWERS

TIP

디자인 호텔인 만큼 로비에 자리한 디자인 숍에 예쁜 아이템이 많고, 객실 내에 비치해둔 인형도 이곳에서 구입할 수 있다.

CITIZENM LONDON BANKSIDE HOTEL

시티즌M 런던 뱅크사이드 호텔

서더크 역

20 Lavington St, London SE1 0NZ

Map ··· ④-B-3

런던에서 뱅크사이드, 타워 힐, 쇼디치, 빅토리아 역 총 네 곳의 호텔을 운영하고 있는 시티즌M은 참신한 아이디어가 돋보이는 디자인 호텔. '합리적인 럭셔리'를 추구하는 이곳은 일반적인 호텔 리셉션이 없고 로비 한켠에 셀프 체크인 기계가 마련돼 있다. 도어맨도 없다. 대신 로비에 들어서면 널찍한 라운지와 바 공간인 '칸틴McanteenM'이 펼쳐진다. 이곳은 여행자의 시차를 고려해 시간대에 상관없이 언제든 간단한 식사를 하고 차를 마시며 신문과 잡지를 볼 수 있도록 마련됐다. 영국적인 분위기가 물씬 풍기는 스타일리시한 공간이니 숙박하지 않더라도 들러볼 만한 곳이다. 남다른 선택과 집중은 객실에서도 돋보인다. 시티즌M 호텔의 객실은 위치에 따라 전망이 다를 뿐 모두 동일한 크기와 디자인이다. 침대 옆에 비치된 아이패드를 이용해 TV, 블라인드, 조명 등 모든 것을 조정할 수 있는 스마트한 시스템. 룸은 크지 않지만 불필요한 공간을 줄이고 넓은 침대에 공들였는데 여행지에서의 달콤한 휴식을 만끽할 수 있는 침대의 안락함이 특히 만족스럽다. 객실에 놓인 인형과 문구류 등 디자인 아이템은 1층에서 구입할 수 있다.

THE ZETTER TOWNHOUSE CLERKENWELL

더 제터 타운하우스 클러큰웰

패링던 역

49–50 St John's Sq, EC1V 4JJ

Map ··· ①-B-4

부티크 호텔을 운영하는 더 제터 그룹은 클러클웰과 말리본에 3개의 부티크 호텔을 운영하고 있다. 관광지뿐 아니라 특별한 숙소에 머물며 기억에 남을 만한 시간을 보내고 싶은 여행자들에게 추천한다. 더 제터 타운하우스 클러클웰은 예쁜 광장을 마주한 건물 입구부터 안으로 들어가 보고 싶은 마음이 들게 하는 곳이다. 영국 조지 왕조 시대의 스타일로 꾸며진 2개의 스위트룸과 11개의 일반 객실, 그리고 멋진 칵테일 라운지를 갖추고 있다. 13개의 침실은 마치 개인의 저택처럼 하나하나 취향이 엿보이는 인테리어가 특징인데, 클래식한 느낌을 주는 앤티크 가구와 항해를 다녀온 여행자의 수집품 같은 다양한 소품이 시선을 끈다. 대담한 컬러를 사용하고 앤티크 소품으로 색다른 스타일을 추구했지만 단순한 복고풍이 아니라 편안함과 유머 감각을 더했다. 특히 이곳은 1층의 칵테일 라운지가 유명하다. 다양하고 특별한 레시피를 활용해 만드는 칵테일은 수상 경력도 화려하다. 그래서 호텔에 투숙하지 않는 현지인들도 편안한 공간에서 칵테일을 즐기기 위해 자주 찾는 곳이다. 저녁에 개최하는 칵테일 파티가 있고 오후 시간대에 운영하는 애프터눈티 메뉴도 있으니 숙박하지 않더라도 라운지를 방문해 볼 만하다. 칵테일 이벤트 정보는 인스타그램 계정 'thezetterhotels'에서 얻을 수 있다.

TRANSPORTATION

인천에서 런던까지,
히드로 공항에서 런던 시내까지

“ 한국에서 출발하면 유럽 최대 공항인 런던 히드로 공항에 도착하게 된다. 매일 운항되는 직항편이 있다.

택스 리펀
시내에서 물건 구입 시 택스 리펀을 위한 서류를 받아야 한다. 공항에서는 'VAT REFUNDS'이라는 안내를 따라간다면 어렵지 않게 찾을 수 있다.

비행기로

항공편

대한항공, 아시아나항공, 영국항공은 인천에서 런던까지 매일 직항편을 운항한다. 소요 시간은 11-14시간 정도. 다른 국가를 경유하는 항공편을 선택할 경우 가격은 보다 저렴하지만 경유 시간이 너무 길지 않은지, 런던 도착 시간이 너무 이르거나 늦지는 않은지 확인해야 한다. 성수기를 제외하면 직항편도 할인 항공권이 자주 나오는 편이니 세 항공사의 프로모션 여부를 확인해보자.

히드로 공항

히드로 공항LHR은 런던의 6개 국제 공항 중 가장 규모가 크고, 유럽 다른 국가로 가기 위해 환승하는 승객들도 많아 항상 붐빈다. 총 5개의 터미널이 있는데 대한항공은 히드로 공항의 터미널4, 아시아나항공은 터미널2, 영국항공은 터미널5에 도착한다.(인천에서 떠날 때 대한항공은 인천공항 제2터미널을 이용한다.)

입국 심사

영국은 입국 심사가 다른 국가에 비해 까다롭다고 알려졌지만 이제는 그렇지 않다. 한국 여권 소지자라면 자동입국심사를 통해 입국할 수 있고, 키오스크에서 여권 스캔과 안면인식 등 간단한 절차만 거치면 된다. 단, 12세가 되지 않은 어린이와 함께 여행한다면 이민국 직원과의 대면 인터뷰로 입국 심사를 받아야 한다. 어린이와의 관계, 여행 목적과 체류 장소 등을 질문할 수 있다.

히드로 익스프레스

중간 정차 없이 히드로 공항에서 시내의 패딩턴 역까지 간다. 소요 시간은 약 15분. 지하철을 이용했을 때 약 50분이 소요되는 것과 비교하면 매우 빠르다. 가격은 편도 티켓이 £25, 왕복 티켓이 £37인데, 사전에 온라인으로 구입하면 할인 받을 수 있고 90일 이전에 예매하면 특가로 저렴하게 구입할 수 있다. 모바일 앱을 통해 예매한 경우 따로 종이 티켓을 출력할 필요 없이 검표 직원에게 보여주면 된다. 객실 내에서 와이파이를 이용할 수 있다는 것도 장점이다.

www.heathrowexpress.com

엘리자베스 라인

엘리자베스 라인은 2022년 개통한 광역급행철도다. 히드로 공항에서 런던 시내의 패딩턴까지 약 35분이 소요된다. 히드로 익스프레스보다는 금액이 저렴하고 다른 지하철 노선으로 환승할 수 있다는 것이 장점이다. 공항에서 보라색의 엘리자베스 라인 표시를 따라가면 플랫폼을 찾을 수 있고, 오이스터 카드나 컨택트리스 카드를 사용할 수 있다. 런던 중심가까지 요금은 £12.80. 새로 개통한 라인이라 객실 시설이 쾌적하다.

지하철

영국에서는 지하철을 언더그라운드Underground 또는 튜브Tube라고 하며, 서브웨이Subway는 지하철이 아니라 지하도를 의미한다. 히드로 공항은 피카딜리 라인이기 때문에 그린 파크, 피카딜리 서커스, 코벤트 가든 등 시내 중심가까지 환승 없이 갈 수 있다. 지하철을 이용하면 시내까지 저렴하게 갈 수 있는 대신 엘리베이터나 에스컬레이터가 없는 곳에서는 계단을 오르내려야 하고, 지하철 내부가 좁기 때문에 캐리어가 너무 크다면 불편할 수도 있다. 교통카드인 오이스터 카드 사용법은 P.123 참고.

고속버스

영국의 버스 회사 내셔널 익스프레스는 다양한 노선을 갖추고 런던 시내에서 공항을 오간다. 고속버스는 코치Coach라 하는데, 히드로 공항에서 빅토리아 코치 스테이션까지 운행하는 노선이 있으니 목적지가 빅토리아 역 주변이라면 코치를 이용해도 좋다. 터미널4/5에 내렸을 경우에는 터미널2/3으로 이동해 탑승해야 하며 '센트럴 버스 스테이션' 표시를 따라가면 버스 터미널로 이어진다. 이용 시간에 따라 가격이 다른데 편도 티켓이 £5.20부터 시작하고, 미리 예매할수록 저렴하다.

www.nationalexpress.com

LONDON

TRANSPORTATION

런던 시내 교통

캔택트리스 카드
만약 컨택트리스 카드가 있다면 교통카드처럼 사용할 수 있고 할인도 동일하게 적용되니, 굳이 오이스터 카드를 사지 않아도 된다.

런던의 교통카드, 오이스터 카드

오이스터 카드란?

런던에서 대중교통을 이용할 때 오이스터 카드Oyster Card를 사용하면 언더그라운드와 오버그라운드, 경전철인 DLR, 버스 등을 모두 이용할 수 있어 편리하다. 물론 탑승할 때마다 티켓을 끊어도 되지만 오이스터 카드를 이용하면 할인 요금이 적용된다. 오이스터 카드는 충전식 교통카드 Pay as you go와 정액권 교통카드인 Travelcards로 나뉜다.

충전식 교통카드 Pay as you go
사용한 만큼 금액이 빠져 나가는 충전식 교통카드다. 지하철 역에서 보증금 £7을 내고 구입한 뒤 충전하면 된다. 최소 충전 단위는 £5로 일주일 정도 머무른다면 £30 정도를 충전하자. 잔액Balance은 충전 기계에서 카드 리더기 부분에 태그하면 화면에 남은 금액이 뜬다. 카드에 남은 금액이 £10 이하일 경우 환불이 가능하고, 보증금은 환불되지 않는다. 단기간 이용하거나 교통을 자주 이용하지 않을 경우 유리하다. 단, Peak 시간에 이용할 경우 추가 요금이 부과된다.

정액권 교통카드 Travelcards
일주일이나 1개월 등 정해진 기간에 해당하는 할인 요금을 미리 지불하고 그 기간 동안 무한정 이용하는 방식이다. 런던에 머무는 기간이 일주일 이상이고, 대중교통을 많이 이용한다면 Travelcards를 이용하는 게 저렴하다. 7일권 이상 발급 시에는 여권과 여권용 사진 1매가 필요하다. 만약 단 하루만 무한정 이용하고 싶다면 오이스터 카드와는 별도로 1일권 트래블 카드를 구입하면 된다.

TIP
프라이스 캡 PRICE CAP
이용하는 존에 따라 하루에 빠져 나가는 최대 한도 금액(1-2존 기준 £8.50)이 정해져 있는 제도로 해당 금액이 초과되면 1일 무제한으로 이용 가능하다.

Pay as you go와 Travelcards 비교

	Pay as you go (Top-up)	Travelcards
용도	시내 모든 버스와 지하철 / 트램 / 오버그라운드	
구분	충전식 교통 카드	정액권 교통 카드
보증금	£7.00 (환불불가)	없음
관광지 혜택	없음	가능 (2FOR1 제도)

존 Zone 구분

런던은 총 9개의 존으로 나뉘어져 있는데, 지하철은 6존까지 운행한다. 1존이 센트럴 런던으로 대부분의 볼거리들은 1-2존 내에 몰려있으며 히드로 공항은 6존에 위치한다. 해크니와 페컴은 2존. 지하철 이용 시 존을 기준으로 금액이 정해진다.

Pay as you go와 Travelcards 주요 요금비교

Zone	1회 편도티켓	Pay as you go (Top-up)			Travelcards		
		Peak Single	Off-peak Single	Price Cap (1일)	Day Anytime	Day Off-peak	7 Day
1	£6.70	£2.80	£2.70	£8.50	£15.90	£15.90	£42.70
1 & 2	£6.70	£3.40	£2.80	£8.50	£15.90	£15.90	£42.70
1 To 3	£6.70	£3.70	£3.00	£10.00	£15.90	£15.90	£50.20
1 To 4	£6.70	£4.40	£3.20	£12.30	£15.90	£15.90	£61.40
1 To 5	£6.70	£5.10	£3.50	£14.60	£22.60	£15.90	£73.00
1 To 6	£6.70	£5.60	£3.60	£15.60	£22.60	£15.90	£78.00

TRANSPORTATION

런던 시내 교통

" 런던은 대중교통으로 여행하기에 편리한 도시. 튜브와 버스를 적절히 이용하면 어디든 불편함 없이 이동할 수 있다. 

버스

버스 번호 앞에 'NIGHT'를 의미하는 N이 붙은 것은 심야버스를 뜻한다.

빨간색 이층 버스Double Decker는 런던의 상징 중 하나. 이층의 가장 앞쪽 좌석은 여행자들에게 특히 인기다. 버스는 튜브보다 느리지만 시내 풍경을 감상하며 이동할 수 있고 요금이 보다 저렴하다. 버스 정류장은 알파벳으로 표기가 되어있는데 구글맵에서도 해당 정류장의 알파벳을 확인하면 위치를 쉽게 찾을 수 있다. 가격은 존에 상관없이 오이스터 카드를 사용하면 모두 £1.75. 하지만 버스 정류장에서는 충전 기계를 찾기 힘드니 미리 잔액을 확인하고 충전해둬야 한다. 런던은 버스 환승이 되지 않기 때문에 탑승할 때만 카드를 태그 하면 되고, 하차할 때 다시 태그 한다면 이중 과금이 될 수 있으니 주의하자.

오이스터 카드 버스 요금

종류	Adult
1회권 PAY AS YOU GO	£1.75
1일 최대요금 DAILY CAP	£5.25
1일 버스&트램 패스ONE DAY BUS & TRAM PASS	£6.00
7일권 7 DAY BUS & TRAM PASS	£24.70

PLUS 투어 버스

런던에도 시티 투어 버스가 있다. 지붕이 없는 2층 버스 형태로 가격이 일반 버스나 지하철에 비해 비싸지만 그만큼 편안하고 좋은 뷰를 보며 여행을 즐길 수 있다. 시간이 여유롭다면 하루쯤 마음 편하게 이용해 볼 만하다. 요금은 회사와 종류에 따라 다르지만 보통 £30~35부터.

언더그라운드와 오버그라운드

런던의 지하철인 튜브는 11개의 언더그라운드 노선으로 이뤄져 있다. 세계 최초로 지하철을 운행한 만큼 좁고 시설이 낡았지만 시내 곳곳이 잘 연결돼 있어 빠르고 편리한 교통수단이다. 1존 내에서 이동하며 오이스터 카드를 사용할 경우 요금은 £2.80.
오버그라운드는 언더그라운드와 반대로 지상으로 운행하며, 튜브 노선도에서 오렌지 컬러로 표기돼 있다. 오버그라운드의 경우 쇼디치 하이 스트리트 역을 포함해 몇 개의 역만 1존에 해당되며 대부분 1존을 벗어난 지역에서 운행한다. 해크니와 페컴 지역(2존)에서는 오버그라운드나 버스를 이용하는 것이 편리하다.

튜브 노선도는 스마트폰에 미리 다운 받아두자.

택시

런던 택시는 검은색의 블랙 캡 Black Cab으로 유명하다. 교통 체증이 없는 시간대에 여러 명이 함께 이용한다면 택시도 효율적인 교통수단일 것. 지붕의 'TAXI'에 노란 불이 들어와 있다면 이용 가능한 택시다. 기본요금은 £3.80이며 블랙 캡은 카드 결제가 가능하다. 보다 저렴한 택시로는 콜택시처럼 예약을 통해 이용할 수 있는 미니 캡 Mini Cab이 있는데 이 택시는 블랙 캡과 달리 미터기가 없으니 미리 금액을 확인해야 한다.

런던의 언더그라운드는 주말에 자주 공사를 하므로 때때로 운행하지 않는 구간이 있다. 실시간 대중교통 정보와 자세한 요금 정보, 미니캡 회사 등은 런던교통공사 홈페이지(https://tfl.gov.uk)를 통해 확인할 수 있다.

Main Spot
Museum, Gallery
Concert Hall, Opera House
Theatre
Shop
Cafe
Restaurant
Bar
Pub
Hotel

L O N D O N

MAP

런던

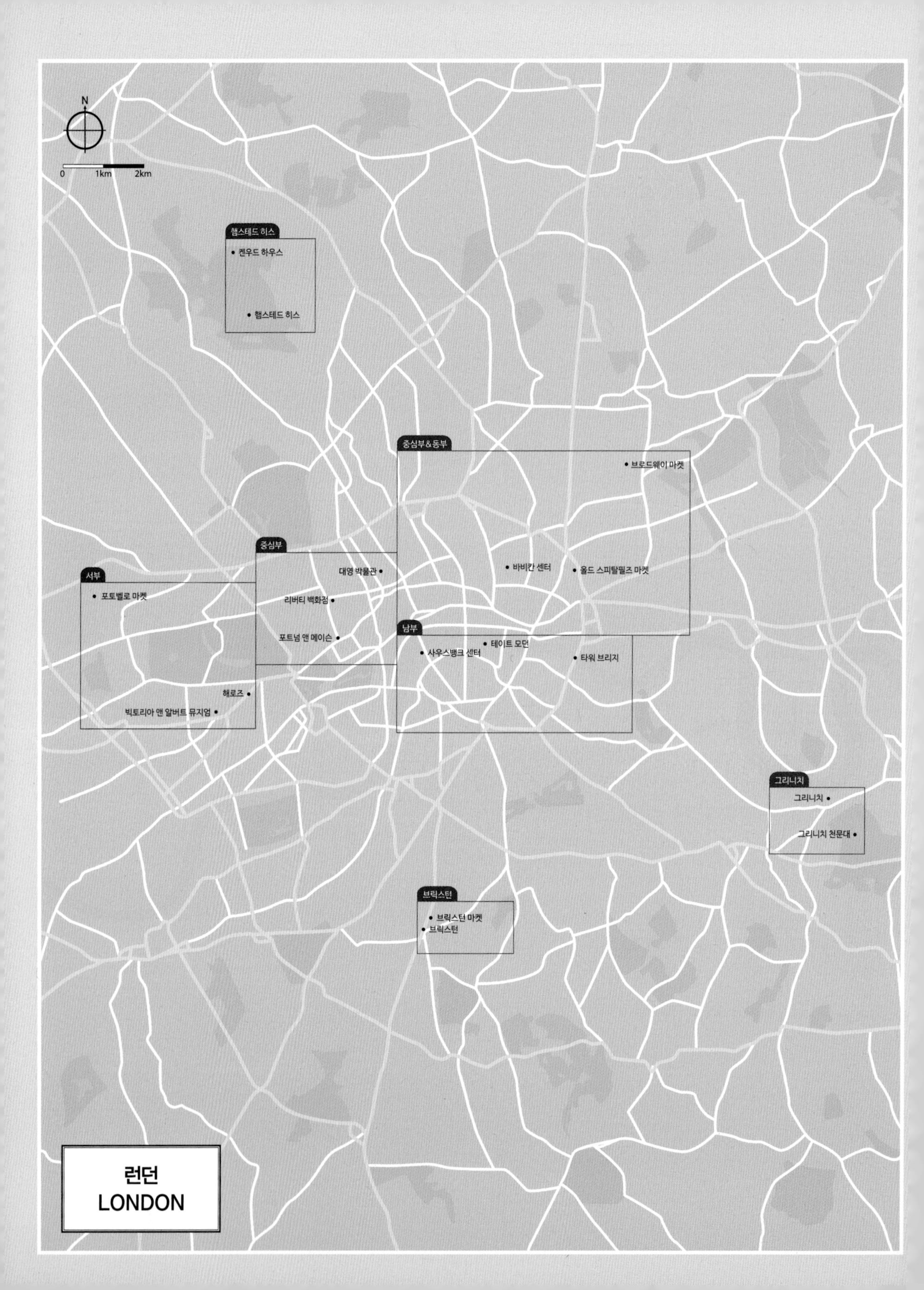
N
0
1km
2km
햄스테드 히스
켄우드 하우스
햄스테드 히스
중심부&동부
브로드웨이 마켓
바비칸 센터
올드 스피탈필즈 마켓
중심부
대영 박물관
리버티 백화점
포트넘 앤 메이슨
서부
포토벨로 마켓
해로즈
빅토리아 앤 알버트 뮤지엄
남부
테이트 모던
사우스뱅크 센터
타워 브리지
그리니치
그리니치
그리니치 천문대
브릭스턴
브릭스턴 마켓
브릭스턴
런던
LONDON

A
B
C
1
2
3
4
N
0
100m
200m
니트 위드 애티튜드
Knit With Attitude
웨이브
Wave
카페 오토
Cafe OTO
올프레스 에스프레소 로스터리 & 카페
Allpress Espresso Roastery & Cafe
H. J. 아리스
H.J.Aris
달스턴 레인 Dalston Ln
모놀로그
Monologue
크레이트 브루어리
CRATE Brewery
사일로 런던
Silo London
E5 베이크하우스
E5 Bakehouse
런던 필즈 역
London Fields
Railway Station
트웬티트웬티원
twentytwentyone
어퍼 스트리트 Upper Street
클림슨 앤 선스 Climpson & Sons
오프 브로드웨이 Off Broadway
브로드웨이 마켓 Broadway Market
아트워즈 북숍 Artwords Bookshop
네틸 마켓
Netil Market
윌리엄 체셔 주얼리 스토어
William Cheshire Jewellery Store
패브리케이션 Fabrications
쉬즈 로스트 컨트롤
She's Lost Control
더 피그 앤 부처
The Pig and Butcher
스피릿랜드 Spiritland
디슘 Dishoom
톰 딕슨 숍
Tom Dixon Shop
캠든 패시지 마켓
Camden Passage
킹슬랜드 로드 Kingsland Road
F. 쿡
F. Cooke
세이저 앤 와일드
Sager + Wilde
영국 도서관 & 숍
British Library & Shop
시티 로드 City Road
넬리 더프
Nelly Duff
코트하우스 호텔 쇼디치
Courthouse Hotel Shoreditch
재스퍼 모리슨 숍 Jasper Morrison Shop
굿후드 Goodhood
켄트 앤 런던 Kent & London
SCP
나이트자 Nightjar
루나 앤 큐리어스
Luna & Curious
쇼디치 그라인드
Shoreditch Grind
어텐던트
Attendant
레이버 앤 웨이트 Labour and Wait
오존 커피 로스터스
Ozone Coffee Roasters
올프레스 에스프레소
Allpress Espresso Bar
헝키 도리 빈티지 Hunky Dory Vintage
하우스 오브 해크니
House of Hackney
라일스 Lyle's
더 제터 타운하우스 클러켄웰
The Zetter Townhouse Clerkenwell
쇼디치 하이 스트리트 역
Shoreditch High Street Station
러프 트레이드 Rough Trade
클러큰웰 로드 Clerkenwell Road
로킷 Rokit
브릭 레인 북숍 Brick Lane Bookshop
혹스무어 Hawksmoor
브릭 레인 마켓 Brick Lane Market
어텐던트
Attendant
리브레리아 Libreria
포피스 피시 앤 칩스
Poppies Fish & Chips
아티카 ATIKA
바비칸 센터
Barbican Centre
올드 스피탈필즈 마켓
Old Spitalfields Market
누드 에스프레소
Nude Espresso
브릭 레인 Brick Lane
예 올드 마이터
Ye Olde Mitre
안디나 Andina
1
중심부 & 동부
CENTRAL & EAST
워크숍 커피 Workshop Coffee
더 와인메이커스 클럽
The Winemakers Club
런던 월 London Wall
화이트채플 갤러리
Whitechapel Gallery
패링던 스트리트 Farringdon Street
세인트 폴 대성당
St Paul's Cathedral

A
B
C
1
2
3
4
N
0
100m
200m
베이커 스트리트 역
Baker Street Station
더 콘란 숍
The Conran Shop
더 레메디 와인 바 앤 키친
The Remedy Wine Bar & Kitchen
돈트 북스
Daunt Books
어텐던트
Attendant
모노클 카페
The Monocle Café
칠턴 파이어하우스
Chiltern Firehouse
데일스포드
Daylesford
카페인
Kaffeine
베이커 스트리트 Baker Street
워크숍 커피
Workshop Coffee
더 월리스 콜렉션
The Wallace Collection
머티리얼 랩
Material Lab
마가렛 호웰
Margaret Howell
위그모어 홀
Wigmore Hall
키스 더 히포 커피
Kiss the Hippo Coffee
휘슬스
Whistles
비욘드 레트로
Beyond Retro
옥스포드 서커스 역
Oxford Circus Station
워크숍 커피
Workshop Coffee
더 포토그래퍼스 갤러리
The Photographers' Gallery
셀프리지스
Selfridges
옥스포드 스트리트 Oxford Street
본드 스트리트 역
Bond Street Station
포스트카드 티
Postcard Teas
아르켓
ARKET
리버티
Liberty
더 뉴 크래프트맨
The New Craftsmen
폴 스미스
Paul Smith
스케치
sketch
클라리지스
Claridge's
리스
Reiss
리젠트 스트리트 Regent Street
헤도니즘 와인
Hedonism Wines
버버리
Burberry
코너트 바
Connaught Bar
스텔라 맥카트니
Stella McCartney
하이드 파크 Hyde Park
알렉산더 맥퀸
Alexander McQueen
포트넘 앤 메이슨
Fortnum & Mason
알랭 뒤카스 도체스터
Alain Ducasse at The Dorchester
무라노
Murano
그린 파크 역
Green Park Station
리츠
The Ritz
하이드
HIDE
Berry Bros & Rudd
그린 파크 Green Park
버킹엄 궁전
Buckingham Palace

D
E
F
탭 커피
TAP Coffee
러셀 스퀘어 역
Russell Square Station
올리버 스펜서
Oliver Spencer
노블 랏
Noble Rot
펜트레스 앤 홀
Pentreath & Hall
러셀 스퀘어
Russell Square
1
블룸스버리 스트리트 Bloomsbury Street
대영 박물관
British Museum
런던 리뷰 북숍
London Review Bookshop
프레젠트 앤 컬렉트
Present & Correct
탭 커피
TAP Coffee
홀본 역
Holborn Station
2
탭 커피
TAP Coffee
피닉스 극장
Phoenix Theatre
더 10 케이스
The 10 Cases
닐스 야드
Neal's Yard
로킷
Rokit
코야
Koya
케임브리지 극장
Cambridge Theatre
바오
Bao
트와이닝스
Twinings
스탠포즈
Stanfords
코벤트 가든 역
Covent Garden Station
알드위치 극장
Aldwych Theatre
로열 오페라 하우스
Royal Opera House
아르켓 ARKET
바버 Barbour
노벨로 극장
Novello Theatre
마리아쥬 프레르 Mariage Frères
손드하임 극장
Sondheim Theatre
코벤트 가든 Covent Garden
라이시엄 극장
Lyceum Theatre
코톨드 갤러리
The Courtauld Gallery
램 앤 플래그
Lamb & Flag
레스터 스퀘어 역
Leicester Square Station
3
마이 컵 오브 티
My Cup of Tea
피카딜리 서커스 역
Piccadilly Circus Station
오스카 와일드 바
Oscar Wilde Bar
더 포트레이트 레스토랑
The Portrait Restaurant
아스피날 오브 런던
Aspinal of London
도버 스트리트 마켓
Dover Street Market
직소
Jigsaw
내셔널 갤러리
The National Gallery
트라팔가 광장
Trafalgar Square
워털루 브리지 Waterloo Bridge
여왕 폐하의 극장
Her Majesty's Theatre
고든스 와인 바
Gordon's Wine Bar
4
세인트 제임스 파크
St James's Park
2
중심부
CENTRAL
D
E
F

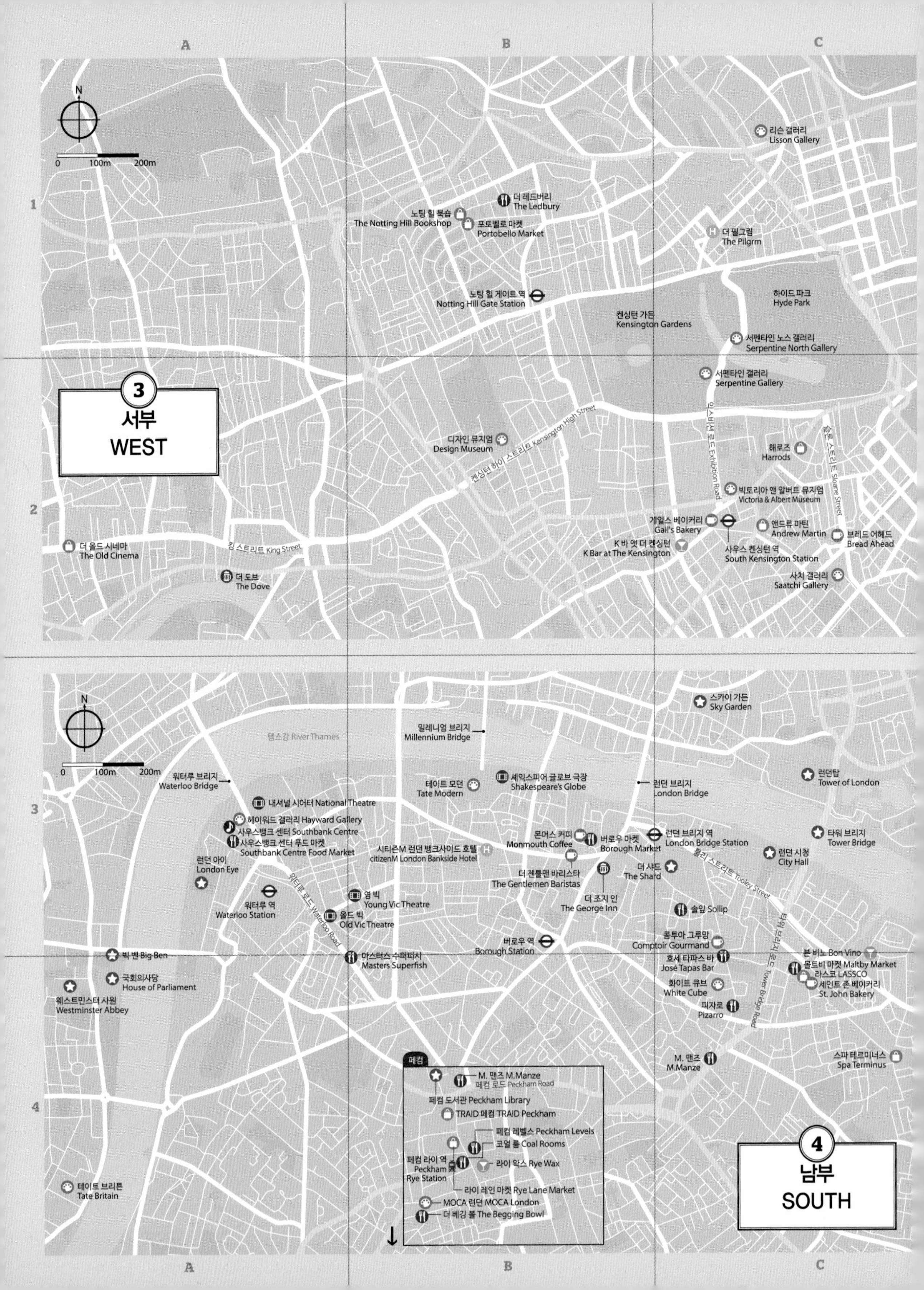

A
B
C
1
2
3
4
N
0
100m
200m
리슨 갤러리
Lisson Gallery
더 레드버리
The Ledbury
노팅 힐 북숍
The Notting Hill Bookshop
포토벨로 마켓
Portobello Market
더 필그림
The Pilgrm
노팅 힐 게이트 역
Notting Hill Gate Station
하이드 파크
Hyde Park
켄싱턴 가든
Kensington Gardens
서펜타인 노스 갤러리
Serpentine North Gallery
서펜타인 갤러리
Serpentine Gallery
3
서부
WEST
켄싱턴 하이 스트리트 Kensington High Street
디자인 뮤지엄
Design Museum
해로즈
Harrods
익스비션 로드 Exhibition Road
슬론 스트리트 Sloane Street
빅토리아 앤 알버트 뮤지엄
Victoria & Albert Museum
게일스 베이커리
Gail's Bakery
앤드류 마틴
Andrew Martin
브레드 어헤드
Bread Ahead
더 올드 시네마
The Old Cinema
킹 스트리트 King Street
K 바 앳 더 켄싱턴
K Bar at The Kensington
사우스 켄싱턴 역
South Kensington Station
더 도브
The Dove
사치 갤러리
Saatchi Gallery
스카이 가든
Sky Garden
템스강 River Thames
밀레니엄 브리지
Millennium Bridge
워터루 브리지
Waterloo Bridge
테이트 모던
Tate Modern
셰익스피어 글로브 극장
Shakespeare's Globe
런던 브리지
London Bridge
런던탑
Tower of London
내셔널 시어터 National Theatre
헤이워드 갤러리 Hayward Gallery
사우스뱅크 센터 Southbank Centre
사우스뱅크 센터 푸드 마켓
Southbank Centre Food Market
몬머스 커피
Monmouth Coffee
버로우 마켓
Borough Market
런던 브리지 역
London Bridge Station
타워 브리지
Tower Bridge
시티즌M 런던 뱅크사이드 호텔
citizenM London Bankside Hotel
런던 시청
City Hall
런던 아이
London Eye
더 젠틀맨 바리스타
The Gentlemen Baristas
더 샤드
The Shard
툴리 스트리트 Tooley Street
영 빅
Young Vic Theatre
워터루 역
Waterloo Station
워터루 로드 Waterloo Road
올드 빅
Old Vic Theatre
더 조지 인
The George Inn
솔입 Sollip
콩투아 그루망
Comptoir Gourmand
버로우 역
Borough Station
빅 벤 Big Ben
마스터스 수퍼피시
Masters Superfish
호세 타파스 바
José Tapas Bar
본 비노 Bon Vino
몰트비 마켓 Maltby Market
라스코 LASSCO
세인트 존 베이커리
St. John Bakery
타워 브리지 로드 Tower Bridge Road
국회의사당
House of Parliament
웨스트민스터 사원
Westminster Abbey
화이트 큐브
White Cube
피자로
Pizarro
M. 맨즈
M.Manze
스파 테르미너스
Spa Terminus
페컴
M. 맨즈 M.Manze
페컴 로드 Peckham Road
페컴 도서관 Peckham Library
TRAID 페컴 TRAID Peckham
페컴 레벨스 Peckham Levels
코얼 룸 Coal Rooms
페컴 라이 역
Peckham Rye Station
라이 왁스 Rye Wax
라이 레인 마켓 Rye Lane Market
MOCA 런던 MOCA London
더 베깅 볼 The Begging Bowl
4
남부
SOUTH
테이트 브리튼
Tate Britain

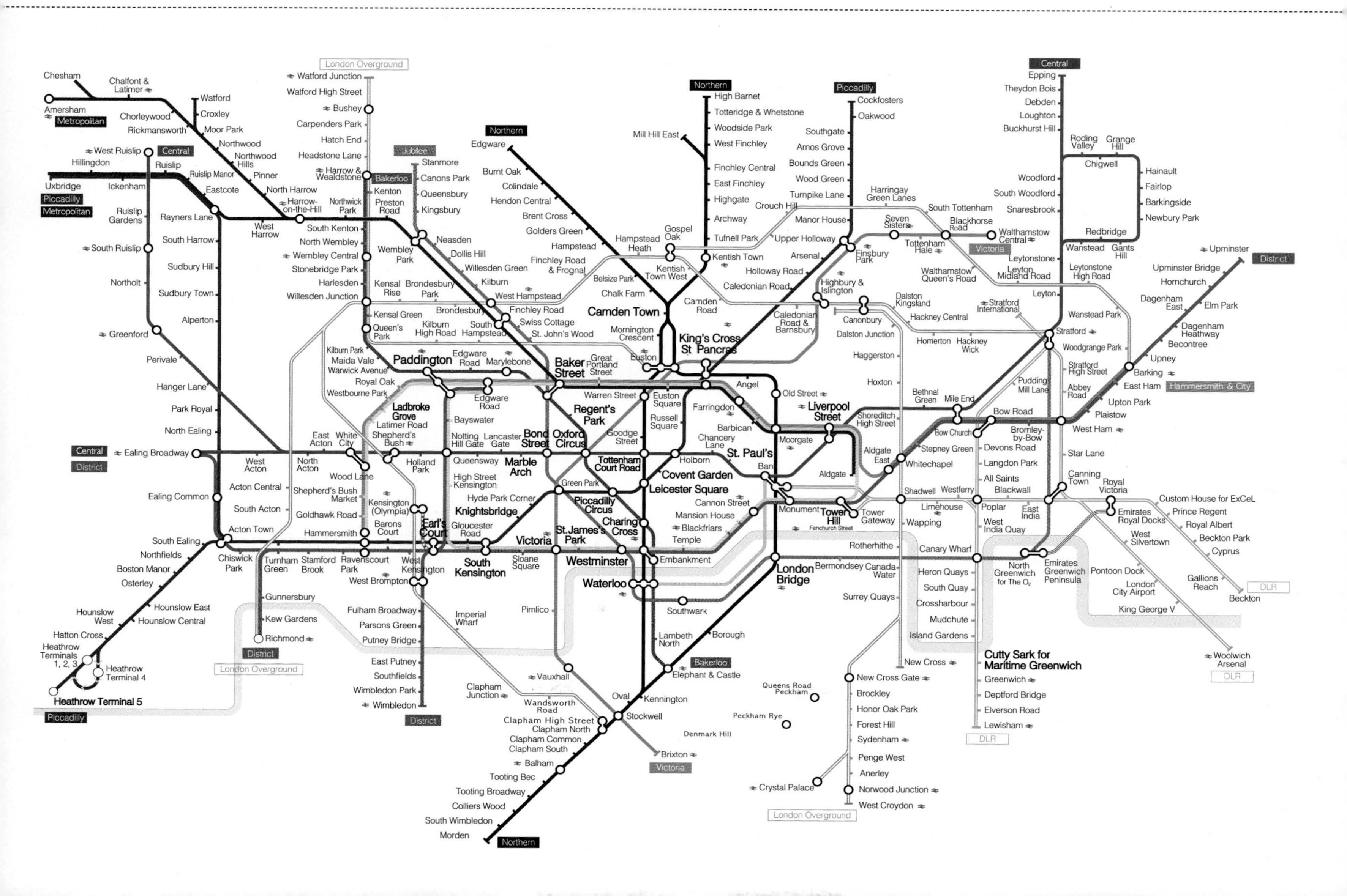

London Overground
Central
Northern
Piccadilly
Jubilee
Bakerloo
Metropolitan
District
Hammersmith & City
Victoria
DLR
Chesham
Amersham
Chalfont & Latimer
Chorleywood
Rickmansworth
Watford
Croxley
Moor Park
Northwood
Northwood Hills
Pinner
North Harrow
West Ruislip
Hillingdon
Uxbridge
Ickenham
Ruislip
Ruislip Manor
Eastcote
Ruislip Gardens
Rayners Lane
West Harrow
Harrow-on-the-Hill
South Ruislip
South Harrow
Sudbury Hill
Sudbury Town
Alperton
Northolt
Greenford
Perivale
Hanger Lane
Park Royal
North Ealing
Ealing Broadway
Ealing Common
South Ealing
Northfields
Boston Manor
Osterley
Hounslow East
Hounslow Central
Hounslow West
Hatton Cross
Heathrow Terminals 1, 2, 3
Heathrow Terminal 4
Heathrow Terminal 5
Watford Junction
Watford High Street
Bushey
Carpenders Park
Hatch End
Headstone Lane
Harrow & Wealdstone
Kenton
South Kenton
North Wembley
Wembley Central
Stonebridge Park
Harlesden
Willesden Junction
Northwick Park
Preston Road
Wembley Park
Stanmore
Canons Park
Queensbury
Kingsbury
Neasden
Dollis Hill
Willesden Green
Kilburn
West Hampstead
Finchley Road
Swiss Cottage
St. John's Wood
Kensal Rise
Brondesbury Park
Brondesbury
Kensal Green
Queen's Park
Kilburn Park
Maida Vale
Warwick Avenue
Kilburn High Road
South Hampstead
Paddington
Royal Oak
Westbourne Park
Ladbroke Grove
Latimer Road
Shepherd's Bush
Edgware Road
Marylebone
Baker Street
Great Portland Street
Edgware
Burnt Oak
Colindale
Hendon Central
Brent Cross
Golders Green
Hampstead
Hampstead Heath
Finchley Road & Frognal
Belsize Park
Chalk Farm
Camden Town
Mornington Crescent
Euston
Gospel Oak
Kentish Town West
Kentish Town
Camden Road
King's Cross St Pancras
Mill Hill East
High Barnet
Totteridge & Whetstone
Woodside Park
West Finchley
Finchley Central
East Finchley
Highgate
Archway
Tufnell Park
Crouch Hill
Cockfosters
Oakwood
Southgate
Arnos Grove
Bounds Green
Wood Green
Turnpike Lane
Manor House
Harringay Green Lanes
Upper Holloway
Arsenal
Holloway Road
Caledonian Road
Finsbury Park
Highbury & Islington
Caledonian Road & Barnsbury
Canonbury
Dalston Junction
Dalston Kingsland
Seven Sisters
South Tottenham
Tottenham Hale
Blackhorse Road
Walthamstow Central
Walthamstow Queen's Road
Hackney Central
Homerton
Hackney Wick
Haggerston
Hoxton
Stratford International
Epping
Theydon Bois
Debden
Loughton
Buckhurst Hill
Roding Valley
Grange Hill
Chigwell
Hainault
Fairlop
Barkingside
Newbury Park
Woodford
South Woodford
Snaresbrook
Redbridge
Wanstead
Gants Hill
Leytonstone
Leytonstone High Road
Leyton Midland Road
Leyton
Wanstead Park
Stratford
Woodgrange Park
Upminster
Upminster Bridge
Hornchurch
Elm Park
Dagenham East
Dagenham Heathway
Becontree
Upney
Barking
East Ham
Upton Park
Plaistow
West Ham
Stratford High Street
Abbey Road
Pudding Mill Lane
Bethnal Green
Mile End
Bow Road
Bow Church
Bromley-by-Bow
Devons Road
Langdon Park
All Saints
Stepney Green
Whitechapel
Shoreditch High Street
Aldgate East
Aldgate
Liverpool Street
Old Street
Moorgate
Angel
Farringdon
Barbican
St. Paul's
Bank
Chancery Lane
Holborn
Russell Square
Euston Square
Warren Street
Goodge Street
Regent's Park
Oxford Circus
Bond Street
Tottenham Court Road
Covent Garden
Leicester Square
Marble Arch
Lancaster Gate
Queensway
Notting Hill Gate
Bayswater
Holland Park
White City
East Acton
West Acton
North Acton
Wood Lane
Shepherd's Bush Market
Kensington (Olympia)
High Street Kensington
Hyde Park Corner
Knightsbridge
Green Park
Piccadilly Circus
Charing Cross
St.James's Park
Victoria
Westminster
Embankment
Temple
Blackfriars
Mansion House
Cannon Street
Monument
Tower Hill
Fenchurch Street
Tower Gateway
Shadwell
Westferry
Limehouse
Wapping
Poplar
East India
West India Quay
Blackwall
Canary Wharf
Star Lane
Canning Town
Royal Victoria
Custom House for ExCeL
Prince Regent
Royal Albert
Beckton Park
Cyprus
Beckton
Gallions Reach
Emirates Royal Docks
West Silvertown
Pontoon Dock
London City Airport
King George V
Woolwich Arsenal
North Greenwich for The O2
Emirates Greenwich Peninsula
Acton Central
South Acton
Acton Town
Chiswick Park
Turnham Green
Stamford Brook
Ravenscourt Park
Hammersmith
Goldhawk Road
Barons Court
Earl's Court
Gloucester Road
South Kensington
Sloane Square
West Kensington
West Brompton
Gunnersbury
Kew Gardens
Richmond
Fulham Broadway
Parsons Green
Putney Bridge
East Putney
Southfields
Wimbledon Park
Wimbledon
Imperial Wharf
Pimlico
Vauxhall
Clapham Junction
Wandsworth Road
Clapham High Street
Clapham North
Clapham Common
Clapham South
Balham
Tooting Bec
Tooting Broadway
Colliers Wood
South Wimbledon
Morden
Waterloo
Southwark
Lambeth North
Borough
Elephant & Castle
Kennington
Oval
Stockwell
Brixton
London Bridge
Bermondsey
Canada Water
Rotherhithe
Surrey Quays
Heron Quays
South Quay
Crossharbour
Mudchute
Island Gardens
Cutty Sark for Maritime Greenwich
Greenwich
Deptford Bridge
Elverson Road
Lewisham
New Cross
New Cross Gate
Brockley
Honor Oak Park
Forest Hill
Sydenham
Penge West
Anerley
Norwood Junction
West Croydon
Crystal Palace
Queens Road Peckham
Peckham Rye
Denmark Hill

Writer
안미영 Miyoung Ahn

Publisher
송민지 Minji Song

Managing Director
한창수 Changsoo Han

Editor
이혜수 Hyesoo Lee

Designer
나윤정 Yoonjung Na

Illustrator
이미영 Miyoung Lee

Marketing & PR
양문규 Moonkyu Yang

Photo
안미영 Miyoung Ahn
한혜미 Hemi Han

Publishing
도서출판 피그마리온

Brand
easy&books
easy&books는 도서출판 피그마리온의 여행 출판 브랜드입니다.

Tripful

Issue No.07

ISBN 979-11-91657-30-2
ISBN 979-11-85831-30-5(세트)
ISSN 2636-1469
등록번호 제313-2011-71호 등록일자 2009년 1월 9일
개정판 1쇄 발행일 2019년 6월 21일
개정판 2쇄 발행일 2020년 2월 20일
개정2판 1쇄 발행일 2024년 4월 18일

서울시 영등포구 선유로 55길 11, 6층 TEL 02-516-3923
www.easyand.co.kr

EASY & BOOKS

트래블 콘텐츠 크리에이티브 그룹 이지앤북스는
2001년 창간한 <이지 유럽>을 비롯해, <트립풀> 시리즈 등
북 콘텐츠를 메인으로 다양한 여행 콘텐츠를 선보입니다.
또한, 작가, 일러스트레이터 등과의 협업을 통해 여행 콘텐츠
시장의 선순환 구조를 만드는 데 이바지하고 있습니다.

www.easyand.co.kr
www.instagram.com/tripfulofficial
blog.naver.com/pygmalionpub